数学和数学家的故事

（第 2 册）

[美] 李学数　编著

上海科学技术出版社

图书在版编目(CIP)数据

数学和数学家的故事. 第 2 册/(美)李学数编著.
—上海：上海科学技术出版社，2015.1(2022.8 重印)
ISBN 978 - 7 - 5478 - 2321 - 7

Ⅰ.①数… Ⅱ.①李… Ⅲ.①数学—普及读物 Ⅳ.
①O1 - 49

中国版本图书馆 CIP 数据核字(2014)第 155147 号

策　　划：包惠芳　　田廷彦
责任编辑：田廷彦
封面设计：赵　军

数学和数学家的故事(第 2 册)
［美］李学数　编著

上海世纪出版(集团)有限公司
上海 科 学 技 术 出 版 社　出版、发行
(上海市闵行区号景路 159 弄 A 座 9F-10F)
邮政编码 201101　　www.sstp.cn
上海盛通时代印刷有限公司印刷
开本 700×1000　1/16　印张 14
字数：160 千字
2015 年 1 月第 1 版　2022 年 8 月第 12 次印刷
ISBN 978 - 7 - 5478 - 2321 - 7/O・39
定价：35.00 元

序

  李信明教授，笔名李学数，是一位数学家。他主攻图论，论文迭出，成绩斐然。同时，又以撰写华文数学家的故事而著称。

  我结识信明先生，还是上世纪 80 年代的事。那时我和新加坡的李秉彝先生过往甚密。有一天他对我说："我有一个亲戚也是学数学的，也和你一样关注当代的数学家和数学故事。"于是我就和信明先生通信起来。我的书架上很快就有了香港广角镜出版社的《数学和数学家的故事》。1991 年，我在加州大学伯克利的美国数学研究所访问，和他任教的圣何塞（San Jose）大学相距不远。我们曾相约在斯坦福大学见面，可是机缘不适，未能成功。我们真正握手见面，要到 2008 年的上海交通大学才实现。不过，尽管我们见面不多，却是长年联络、信息不断的文友。

  说起信明教授的治学经历，颇有一点传奇色彩。他出生于新加坡，在马来西亚和新加坡两地度过中小学时光，高中进的是中文学校。在留学加拿大获得数学硕士学位后，去法国南巴黎大学从事了 7 年半研究工作。以后又在美国哥伦比亚大学攻取计算机硕士学位，1984 年获得史蒂文斯理工大学的数学博士学位。长期在加州的圣何塞州立大学担任电子计算机系教授。这样，他谙熟英文、法文和中文，研究领域横跨数学和计算机科学，先后接受了欧洲大陆传统数学观和美国数学学派的洗礼，因而兼有古典数学和现代数学的观念和视野。

值得一提的是，信明先生在法国期间，曾受业于菲尔兹奖获得者、法国大数学家、数学奇人格罗滕迪克（A. Grothendieck）。众所周知，格罗滕迪克是一个激进的和平主义者，越战期间会在河内的森林里为当地的学者讲授范畴论。1970 年，正值研究顶峰时彻底放弃了数学，1983 年出人意料地谢绝了瑞典皇家科学院向他颁发的克拉福德（Crafoord）奖和 25 万美元的奖金。理由是他认为应该把这些钱花在年轻有为的数学家身上。格氏的这些思想和作为，多多少少也影响了信明先生。一个广受欧美数学训练的学者，心甘情愿地成为一名用中文写作数学故事的业余作家，需要一点超然的思想境界。

信明先生的文字，我以为属于"数学散文"一类。我所说的数学散文，是指以数学和数学家故事为背景，饱含人文精神的诸如小品、随笔、感言、论辩等的短篇文字。它有别于数学论文、历史考证、新闻报道和一般的数学科普文字，具有更强的人文性和文学性。事实上，打开信明先生的作品，一阵阵纯朴、真挚的文化气息扑面而来。其中有大量精心挑选的名言名句，展现出作者深邃的人生思考；有许多生动的故事细节，展现出美好的人文情怀；更有数学的科学精神，点亮人们的智慧火炬。这种融数学、文学、哲学于一体的文字形式，我心向往之。尽管"数学散文"目下尚不是一种公认的文体，但我期待在未来会逐渐地流行开来。

每读信明先生以李学数笔名发表的很多文章，常常折服于他的独特视角和中文表达能力。在某种意义上说，他是一位"世界公民",学贯中西,能客观公正地以国际视野,向华人公众特别是青少年展现当今世界上不断发生着的数学故事。他致力于描绘国际共有的数学文明图景,传播人类理性文明的最高数学智慧。

步入晚年的信明先生,身体不是太好,警报屡传。尤其是视力下降,对写作影响颇大。看到他不断地将修改稿一篇篇地发来,总在为他的过度劳累而担忧。但是,本书的写作承载着一位华人学者的一片赤子之情。工作只会不断向前,已经没有后退的路了。现在,这些著作经过修改以后,简体字本终于要在大陆出版了,对于热爱数学的读者来说,这是一件很值得庆幸的事。

2013 年的夏天,上海酷热,最高气温破了 40℃的记录,每天孵空调度日。然而,电子邮箱里依然不断地接到他发来的各种美文,以及阅读他修改后的书稿(proof reading)。每当此时,心境便会平和下来,仿佛感受了一阵凉意。

以上是一些拉杂的感想,因作者之请,写下来权作为序。

张奠宙

于华东师范大学数学系

前言

　　《伊利亚特》第 18 章第 125 行有这样一句话："you should know the difference now that we are back."中国新文化运动的老将之一胡适这样翻译："如今我们回来了，你们请看，要换个样子了！"这句话很适合这套书的情况。

　　这书的许多文章是在 20 世纪 70 年代为香港的《广角镜》月刊写的科学普及文章，当时的出发点很简单：数学是许多学生厌恶害怕的学科。这门学科在一般人认为是深不可测。可是它就像德国数学家高斯所说的："数学是科学之后"，是科学技术的基础，一个国家如果要摆脱落后贫穷状态，一定要让科技先进，这就需要有许多人掌握好数学。

　　而另外一方面，当时我在欧洲生活，由于受的是西方教育，对于中国文化了解不深入、也不多，可以说是"数典忘祖"。当年我对数学史很有兴趣，参加法国巴黎数学史家塔东（Taton）的研讨会，听的是西方数学史的东西，而作为华裔子孙，却对中国古代祖先在数学上曾有辉煌贡献茫然无知，因此设法找李俨、钱宝琮、李约瑟、钱伟长写的有关中国古代数学家贡献的文章和书籍来看。

我想许多人特别是海外的华侨也像我一样，对于自己祖先曾有傲人的文化十分无知，因此是否可以把自己所知的东西，用通俗的文字、较有趣的形式，介绍给一般人，希望他们能知道一些较新的知识。

由于数学一般说非常的抽象和艰深，一般人是不容易了解，因此如果要做这方面的普及工作，会吃力不讨好。希望有人能把数学写得像童话一样好看，让所有的孩子都喜欢数学。

这些文章从 1970 年一直写到 1980 年，被汇集成《数学和数学家的故事》八册。其中离不开翟暖晖、陈松龄、李国强诸先生的鼓励和支持，真是不胜感激。首四册的出版年份分别为 1978、1979、1980、1984，之后相隔了一段颇长的日子，1995 年第五册印行，而第六及第七册都是在 1996 年出版，而第八册则成书于 1999 年。30 多年来，作品陪伴不少香港青少年的成长。

广角镜出版社的《数学和数学家的故事》

这书在香港、台湾及大陆内地得到许多人的喜爱,新华出版社在 1995 年把第一册到第七册汇集成四册,发行简体字版。

新华出版社的《数学和数学家的故事》

上世纪 70 年代缅甸的一位数学老师看我介绍费马大定理,写一封长信谈论他对该问题的初等解法,很可惜他不知道这问题是不能用初等数学的工具来解决的。

80 年代,我在新加坡参加数学教育会议遇到来自中国黑龙江的一位教授,发现他拥有我的书,而远至内蒙古偏远的草原,数学老师的小图书馆也有我写的书。

90 年代,有一次到香港演讲,进入海关时,一个官员问我来香港做什么,我说:"我给香港大学作一个演讲,也与出版社讨论出书计划。"他问我写什么书,我说:"像《数学和数学家的故事》,让一般人了解数学。"他竟然说,他在中学时看过我写的书,然后不检查我的行李就让我通过。

一位在香港看过我的书的中学生,20 多年后仍与我保持联络,有一次写信告诉我,他的太太带儿子去图书馆看书,看到我书里提这位读者的一些发现,很骄傲地对儿子讲,这书提到的人就是你的父亲,以及他的数学发现。这位读者希望我能够继续写下去,让他的孩子也可以在阅读我的书后喜欢数学。

前两年,我去马来西亚的马来亚大学演讲,一位念博士的年轻人拿了一本我的书,请我在泛黄的书上签名。他说他在念中学的时候买到这书，我没有想到，这书还有马来西亚的读者。

距今已700多年的英国哲学家罗杰·培根（Roger Bacon，1214—1294）说："数学是进入科学大门的钥匙，忽略数学，对所有的知识会造成伤害。因为一个对数学无知的人，对于这世界上的科学是不会明白的。"

黄武雄在《老师，我们去哪里》说："我相信数学教育的最终改进，须将数学当作人类文化的重要分支来看待，数学教育的实施，也因而在使学生深入这支文化的内涵。这是我基本的理论，也是促使我多年来从事数学教育的原始动力。"

本来我是计划写到40集，但后来由于生病，而且因为在美国教书的工作繁重，我没法子分心在科研教学之外写作，因此停笔近20年没有写这方面的文章。

华罗庚先生在来美访问时，曾对我说："在生活安定之后，学有所成，应该发挥你的特长，多写一些科普的文章，让更多中国人认识数学的重要性，早一点结束科盲的状况。虽然这是吃力不讨好的工作，比写科研论文还难，你还是考虑可以做的事。"

我是答应他的请求，特别是看到他写给我义父的诗：

> 三十年前归祖国，而今又来访美人，
> 十年浩劫待恢复，为学借鉴别燕京。
> 愿化飞絮被天下，岂甘垂貂温吾身，
> 一息尚存仍需学，寸知片识献人民。

我觉得愧疚，不能实现他的期望。

陈省身老前辈也关怀我的科普工作，曾提供许多早期他本身的历史及他交往的数学家的资料。后来他离开美国回天津定居，并建立了南开数学研究所。他曾写信给我，希望我在一个夏天能到那里安心地继续写《数学和数学家的故事》，可惜我由于健康原因不能成行。不久他就去世，我真后悔没在他仍在世时，能多接近他。

2007 年我在佛罗里达州的波卡·拉顿市（Boca Raton）参加国际图论、组合、计算会议，普林斯顿大学的康威教授听我的演讲，并与姚如雄教授一起共进晚餐，他告诉我们他刚得中风，以为一直觉得自己是 25 岁，现在医生劝告少工作，他担心自己时间不多，可还有许多书没有来得及写。

我在 2012 年年中时两个星期内得了两次小中风，我现在可以体会康威的焦急心理，我想如果照医生的话，在一年之后会中风的机会超过 40％，那么我能工作的时间不多，因此我更应抓紧时间工作。

看到 2010 年《中国青年报》9 月 29 日的报道：到 2010 年全国公民具备基本科学素质（Scientific literacy）的比例是 3.27％，这是中国第八次公民科学素质调查的结果，调查对象是 18 岁到 69 岁的成年公民。

这数字意味着什么呢？每 100 个中国人，仅有 3 个具有基本科学素质，每 1 000 个中国人，仅有 32 个具备基本科学素质，每 10 000 个中国人是有 320 个，每 100 000 个人仅有 3 200 个。你可估计中国人有多少懂科学？

在 1992 年中国才开始搞公民科学素质调查，当年的结果令人难过，具有基本科学素质的比例是 0.9％，而日本在 1991 年却有 3.27％。经过十年努力，到 2003 年，中国提升到 1.98％，2007 年提升到 2.25％，2010 年达到 3.27％。

我希望更多人能了解数学，了解数学家，知道数学家在科学上扮演的重要角色。我希望能普及这方面的知识，以后能提高我们整个民族的数学水平。在写完第八集《数学和数学家的故事》时我说："希望我有时间和余力能完成第九集到第四十集的计划。"

由于教学过于繁重，身体受损，为了保命，把喜欢做的事耽搁了下来，等到无后顾之忧的时候，眼睛却处于半瞎状态，书写困难，因此把华先生的期许搁了下来，后来两只眼睛动了手术，恢复视觉，就想继续写我想写的东西。

这时候，记忆力却衰退，许多中文字都忘了，而且十多年没有写作，提笔如千斤，"下笔无神"，时常写得不甚满意，而我又是一个完美主义者，常常写到一半，就抛弃重新写，因此写作的工作进展缓慢。由于我把我的藏书大部分都捐献出去，有时候要查数据时却查不到，这时候才觉得没有好记忆力真是事倍功半，等过几天去图书馆查数据，往往忘记了要查些什么东西。

而且糟糕的是眼睛从白内障变成青光眼，白内障手术根治之后，却由于眼压高而成青光眼，医生嘱咐看书写字时间不能太长，免得加速眼盲速度，这也影响了写作的速度。

我现在是抱着"尽力而为"的心态，也不再求完美，尽力写能写的东西，希望做到华罗庚所说的"寸知片识献人民"，把旧文修改补充新资料，再加新篇章。

感谢陈松龄兄数十年关心《数学和数学家的故事》的写作和出版。我衷心感谢上海科学技术出版社包惠芳女士邀请我把《数学和数学家的故事》写下去，如果没有她辛勤地催促和责编的编辑工作，这一系列书不可能再出现在读者眼前。感谢许多好友在写作过程中给予无私的协助：郭世荣、郭宗武、梁崇惠、邵慰慈、邱守榕、陈泽华、温一慧、高鸿滨、黄武雄、洪万生、刘宜春和谢勇男几位教授以及钱永红先生等帮我打字校对及提供宝贵数据，也谢谢张可盈女士的细心检查，尽量减少错别字，提高了全书的质量。

希望这些文章能引起年轻人或下一代对数学的兴趣和喜爱，我这里公开我的邮箱：lixueshu18@sina.com，或 lixueshu18@163.com，欢迎读者反馈他们的意见及提供一些值得参考的资料，让我们为陈省身的遗愿"把中国建设成一个数学大国"做些点滴的贡献。

目录

1 你也可以发现数学定理

相信很多人都会有这种印象：数学是一门深奥的科学，除了在学校和课本中可以学到外，在实际生活中很少看到它，而且在日常生活中，除了加减乘除外，就很少用到它。

对于喜欢数学的人，他们在读一些数学家的传记，或者关于他们的发现时，往往会产生这样的想法：这些人真的很聪明，如果不是天才怎么会发现这些难得的定理或理论呢？

这些看法和印象并不全部正确。今天我想告诉你的就是如果有天才的话，你也是一个天才。只要你有了一些基础知识，懂得一些研究的方法，也可以做一点研究，也会有新发现，数学并不是只有数学家才能研究的。

有生活的地方就有数学

人类靠着劳动的双手创造了财富，数学也和其他科学一样产生于实践。可以说有生活的地方就有数学。

你看木匠要做一个椭圆的桌面，拿了两根钉钉在木板上，然后用一条打结的绳子和粉笔，就可以在木板上画出一个漂亮的椭圆来。

如果你时常邮寄信件，在贴邮票时你会发现一个这样的现象：任何大于7元的整数款项的邮费，往往可以用票面值3元和5元的邮票凑合起来。这里就有数学。

如果你是整天拿着刀和锅铲在厨房里工作的厨子，看来数学是和你无缘。可是你没有想到就在你的工作中也会出现数学问题。奇怪吗？事实上是不奇怪的。

比方说，你现在准备煮"麻婆豆腐"，你把一大堆豆腐放在砧板上，如果你不想用手去动豆腐，而想一刀刀切下去把豆腐切出越多块越好。那么在最初一刀，你最多切出两块，第二刀你切出四块，第三刀你最多可以切出多少块呢？你切了第五刀最多能切出多少块呢？这里不是有数学问题吗？你会惊奇有一个公式可以算出第 n 刀得出的块数。

我们每天或多或少都会和钱打交道。你可能也会注意到这样的现象：任何一笔多于6元的整数款项可以用2元纸币及5元纸币来支付（这里假定2元纸币通行）。

不是吗？7元可以用一张2元和一张5元的纸币来支付，8元可以用四张2元纸币，9元可以用两张2元纸币和一张5元纸币去支付。一般情形怎样呢？

你说这不是很容易吗？如果钱数是偶数的话，我只要用若干张2元去应付就行了，如果是奇数的话，我只要先付一张5元钞票，剩下的是偶数款项，当然就可以用2元纸币去处理。是的，这里你就用到了整数的性质。

从这些例子你可以看到数学在日常生活中是有用的，如果你细心的话，会发现在你工作的地方就有一些数学问题产生。

发现数学定理的秘诀

数学家是怎样发现数学定理？他们是否有秘诀？如果能知道那多好啊！

是的，这里有一个秘诀，下面就会告诉你秘诀在哪里。

许多人承认在科学上的发现和发明，如物理上的自由落体定律，化学上的合成胰岛素、链霉素，生物上的发现遗传规律，医学上用针灸医治聋哑病患者，都是需要依靠实验和观察。我说数学上的发现也是靠观察得来的，读者不是会觉得奇怪吗？

数学是研究一些数、形、集合、关系和运算的性质和变化的规律，人们是怎样知道这些性质和规律呢？

是不是像一些小册子讲，连那大名鼎鼎的 17 世纪的英国科学家牛顿，也是因为他很虔诚，为上帝所宠爱，让一个苹果掉在他头上，启发他发现物理上的万有引力定律？人的活动是上帝在操纵吗？

让我们看一看 18 世纪的一个大数学家欧拉（Leonard Euler，1707—1783）的一些意见吧！

欧拉

欧拉在他的一篇《纯数学的观察问题》（见《欧拉全集》第二册）的文章里写道："许多我们知道的整数的性质是靠观察得来，这发现早已被它的严格证明所证实。还有很多整数的性质我们是很熟悉的，可是我们还不能证明；只有观察引导我们对它们的认识。因此我们看到在数论——它还不是一个完整的理论中，我们可以寄厚望于观察：它能连续引导我们发现它新的性质，我们较后尝试证明。那类靠观察而取得的知识还没有被证明，必须小心地和真理区别，像我们通常所说它是靠归纳所得的。我们看过单纯的归纳会引起错误。因此我们要非常小心，不要把那一类我们靠观察而由归纳得来的整数的性质当为正确无误。事实上，我们要利用这发现为机会，去研究它的性质，去证明它或反证它，这两方面我们都会学到有用的东西。"

欧拉是瑞士人，一生大部分时间在俄国和德国的科学院度过，对这两个国家特别是俄国的数学发展有很大的贡献。他是最多产的数学家，在有生之日已出版和发表500多本书和文章，死后还留下200多篇文章未发表，以及一大堆不太完整的手稿。

他研究涉及的范围很广，单是数学就包含了当时数学差不多所有的分支，在物理、天文、水利等一些较有实用的科学他也做出过贡献。

从1909年开始，瑞士的自然科学会准备出版他的全集，但到现在还没有出完，他留在圣彼得堡的一大堆手稿，因为内容太多，到现在还要花许多时间和气力去整理。

为什么欧拉能做出这样多的发现呢？在《纯数学的观察问题》里，他已告诉了你一个秘诀，就是"靠观察得来的"。事实上欧拉也是一个善于观察的数学家。

发现的工具是归纳和类比

18世纪的法国有一个农民家庭出身的数学家和天文学家——拉普拉斯（Pierre-Simon de Laplace，1749—1827）。拉普拉斯是现代概率论的奠基者之一，学物理的人对他很熟。

他有一个很好的品德,就是把年轻一代的数学家当作自己的孩子,帮助和鼓励他们。有一些人的发现事实上是他早在几十年前就得到了,但他也把这发现的荣誉让给年轻人而不是自己占有,更不会像一些所谓"专家"对这些新生的力量在妒忌之余,加以阻挠打击。

拉普拉斯在关于概率论的哲学问题的一篇文章里曾经指出:"在数学这门科学里,我们发现真理的主要工具是归纳和类比(induction and analogy)。"这里他指出了发现数学定理的一个方法。

我们这里就举一些实际的例子来说明。

(1)我们看到等腰直角三角形的全部内角和是180°,正三角形的内角和也是180°,在对几个三角形我们用量角器来量,得到的和也是180°。我们把这些现象归纳起来得到了这样的结论:"任何三角形的内角和是180°。"事实上,这结论是对的。

拉普拉斯

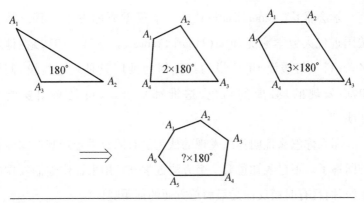

多边形的内角和

(2)我们知道三角形由三边组成,它的内角和是180°;四边形

的内角和是 $2\times180°$；五边形的内角和是 $3\times180°$；六边形的内角和是 $4\times180°$。类似地我们得到七边形的内角和是 $5\times180°$，因此我们由这些特殊的例子反映出来的事实，猜测了一般的情况会是这样：一个凸的 n 边形，它的内角和是 $(n-2)\times180°$。

（3）我们知道 $1=1$，

$$1-2=-1，$$
$$1-2+3=2，$$
$$1-2+3-4=-2。$$

因此你会猜到 $1-2+3-4+5$ 应该是 3，一看果然如此，你有信心接着猜下去的 $1-2+3-4+5-6$ 应该是 -3。由这一些特殊的例子你猜想：

$$1-2+3-4+\cdots+(-1)^{n+1}n=\begin{cases}+\dfrac{(n+1)}{2}，&\text{当 }n\text{ 是奇数}\\[2mm]-\dfrac{n}{2}，&\text{当 }n\text{ 是偶数}\end{cases}$$

这样你就归纳了一些特殊例子的共同性质，你看到了一些例子的规律，由这里你推广到一般的情形。

学会推广（generalisation）是一个很重要的发现过程。就像法国近代大数学家庞加莱（Henri Poincaré，1854—1912）在他的名著《科学与假设》里所说的："任何的推广只是一个假设，假设扮演（发现的）必要的角色，这谁都不否认，可是必须要给出证明。"

那么你怎么证明你所发现的认为是对的数学定理呢？这就很难回答了。不过我知道有一个方法数学家常用来证明他们发现的东西，而且有时候反而是最简单方便的证明呢！

这个方法就是最早由法国数学家帕斯卡所发现的数学归纳法。

庞加莱　　　　　　帕斯卡

数学归纳法

数学归纳法是一个很有用的数学证明方法。这个方法的正确性是根据整数集合的一个性质，我们在数学上把这性质叫作"数学归纳法公理"。

如果我们有一个整数 a，它可以是正数、负数或零都行，A 是所有大于或等于 a 的整数集合。数学归纳公理是这样说：如果 S 是 A 的一部分，具有下面的两个性质：

（一）S 包含 a，

（二）对于任何在 A 的整数 k，如果 k 在 S 里，那么 $k+1$ 一定也在 S 里面。

那么集合 S 等于 A。

数学家就是喜欢讲一些令一般人听来有点难以理解和抽象的东西。其实这个数学归纳法公理 4 岁的小孩子早就懂得应用了。庞加莱说："毫无疑问，数学中的递归推理和物理学中的归纳推理建立在不同的基础上，但是它们的步调是相同的，即它们在同一方向上前进，也就是说，从特殊到普遍。"

你看有一些小孩子收集了人家丢弃的香烟盒，他们懂得把这些香烟盒拿来做一种游戏：把它们竖立排成一行长列，它们之间的距离是使得一个倒下去时会连贯地一个挨一个地倒下去。这样如果我们把竖立着的香烟盒行列当成是上面讲的 A，第一个最前面的香烟盒当作小 a，用 S 代表倒下去的香烟盒，那么只要第一个推倒下去，它就会推倒第二个，而第二个倒下又会推倒第三个，这样继续下去最后全部香烟盒都倒下来，因此 $A = S$。这不是很容易明白吗？

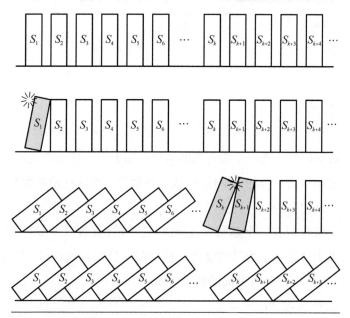

骨牌游戏中隐含着数学原理

小孩子的香烟盒游戏就是多米诺骨牌游戏，可以看出，只要满足以下两条件，所有多米诺骨牌就都能倒下：

（1）第一块骨牌倒下；

（2）任意相邻的两块骨牌，前一块倒下一定导致后一块倒下。

想想看：你认为条件（2）的作用是什么？

可以看出，条件（2）事实上给出了一个递推关系：当第 k 块倒下时，相邻的第 $k+1$ 块也倒下。

这样,要使所有的骨牌全部倒下,只要保证(1)(2)成立。

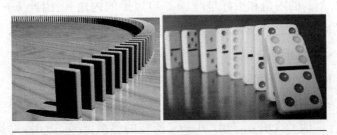

多米诺骨牌游戏:骨牌一个接一个倒下

现在让我们看看什么是数学归纳法原理?

给出一个整数集合 A,这里是所有的大于或等于一个固定整数 a 的整数。还有一个数学命题:对于任何在 A 的 n 我们有 $T(n)$。我们可以用下面的方法证明这个命题:

(1) 对于 a,$T(a)$ 是正确的。

(2) 如果对于任何在 A 里的 k,由假设 $T(k)$ 的正确性可以推导到 $T(k+1)$ 的正确。

那么这整个命题是对的。

我们还是举实际的例子来说明怎样应用这数学归纳法。

例 1　任意凸 n 边形,它的内角和是 $(n-2)\times180°$。

[证明] 这里我们的 $a=3$,我们的 $A=\{n\ \text{是整数}:n\geqslant3\}$。

命题是 $T(n)$:凸 n 边形内角和 $=(n-2)\times180°$。

当 $n=3$ 时,$T(3)$ 是正确的。因为任意三角形的内角和是 $180°$。

现在假定在 $n=k$ 时,$T(k)$ 正确,即

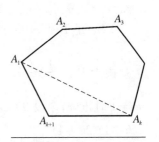

求凸 n 边形内角和

任意凸 k 边形的内角和是 $(k-2)\times180°$。我们要推证 $T(k+1)$ 也是对的。给出任意一个 $k+1$ 边形 $A_1A_2A_3\cdots A_kA_{k+1}$,我们将 A_1 和 A_k 连成一直线,这样我们得到一个凸 k 边形 $A_1A_2\cdots A_k$,由假定它

的内角和是 $(k-2) \times 180°$。这 k 边形的内角和加上三角形 $A_1 A_k A_{k+1}$ 的内角和正好是凸 $(k+1)$ 边形的内角和；因此 $k+1$ 边形的内角和等于 $(k-2) \times 180° + 1 \times 180°$，即 $(k-1) \times 180°$，因此 $T(k+1)$ 也正确。

由数学归纳法，我们知道以上的命题是正确的。

例 2 求证：对于任何非负整数 n，$2^n \geqslant n+1$。

［证明］这里 $a = 0$，$A = \{$所有的整数 $n: n \geqslant 0\}$，命题是 $T(n): 2^n \geqslant n+1$。

当 $n = 0$ 时，我们看到 $2^0 = 1 \geqslant 0+1$，故 $T(0)$ 是正确的。现假定当 $n=k$ 时，我们有 $2^k \geqslant k+1$，即 $T(k)$ 是正确的。对于 $n = k+1$，我们看到

$$
\begin{aligned}
2^{k+1} &= 2 \cdot 2^k \\
&= 2^k + 2^k \\
&\geqslant (k+1) + (k+1) \\
&\geqslant (k+1) + 1
\end{aligned}
$$

因此 $T(k+1)$ 也正确。由数学归纳法知道，这不等式恒成立。

例 3 用数学归纳法证明 $1^2 + 2^2 + 3^2 + \cdots + n^2 = \dfrac{n(n+1)(2n+1)}{6}$。

$T(n)$ 是 $1^2 + 2^2 + \cdots + n^2 = \dfrac{n(n+1)(2n+1)}{6}$。

由于 $1^2 = \dfrac{1 \cdot (1+1) \cdot (2+1)}{6}$，即 $1 = 1$，显然命题 $T(n)$ 于 $n = 1$ 时正确；今设 $T(n)$ 在 $n = k$ 时正确，即 $1^2 + 2^2 + \cdots + k^2 = \dfrac{k(k+1)(2k+1)}{6}$，则当 $n = k+1$ 时，有 $1^2 + 2^2 + \cdots + k^2 + (k+1)^2 = \dfrac{k(k+1)(2k+1)}{6} + (k+1)^2 = \dfrac{(k+1)[2k^2 + k + 6k + 6]}{6} = \dfrac{(k+1)(k+2)(2k+3)}{6} = \dfrac{(k+1)(k+2)[2(k+1)+1]}{6}$。

即命题 $T(n)$ 在 $n=k+1$ 时亦正确。因此 $T(n)$ 对于任何正整数都正确。

例 4 你看到 $1^3=1$,

$$1^3+2^3=1+8=9=3^2,$$

$$1^3+2^3+3^3=1+8+27=36=6^2,$$

$$1^3+2^3+3^3+4^3=1+8+27+64=100=10^2,$$

因此你容易猜到 $1^3+2^3+3^3+\cdots+n^3$ 是一个完全平方,你注意到 1,3,6,10,…是三角数(见本丛书《级数趣谈》一文),而它的一般项可以写成 $n(n+1)/2$。

因此,很自然地就会猜到:

$$1^3+2^3+3^3+\cdots+n^3=\left[\frac{n(n+1)}{2}\right]^2。$$

我们可以用数学归纳法来检验这样的猜想是否正确。

在这里我们的 $a=1$,

$A=\{$所有的整数 $n:n\geqslant 1\}$

命题 $T(n)$ 是

$$1^3+2^3+3^3+\cdots+n^3=\left[\frac{n(n+1)}{2}\right]^2$$

当 $n=1$ 时,左边 $=1^3$,右边 $\left[\dfrac{1\times 2}{2}\right]^2=1$。现在假定当 $n=k$ 时,我们有 $T(k)$ 正确,则对于 $n=k+1$,我们看到

$$1^3+2^3+\cdots+k^3+(k+1)^3$$

$$=\left[\frac{k(k+1)}{2}\right]^2+(k+1)^3$$

$$=(k+1)^2\left[\frac{k^2}{4}+(k+1)\right]$$

$$=(k+1)^2\left[\frac{k^2+4k+4}{4}\right]$$

$$= \frac{(k+1)^2(k+2)^2}{2^2}$$

$$= \left[\frac{(k+1)(k+2)}{2}\right]^2。$$

这时命题也是对的，因此由数学归纳法，证得我们的猜想是正确的。

学会联想和类比

在数学上有许多发现也是靠类比和联想得来的。我这里举一些实际的例子来说明。

例 1 在几何上我们知道"一点是无大小的东西"。我们说它组成零维空间，我们用 T_0 来表示一点空间。

如果在一点之外有另外一点，我们把这两点连起来，得到一个一维的单形，我们用 T_1 来表示，它是一条线段。

我们在 T_1 以外的一个点，而且这点不坐落在这线段延展出去的直线，我们把这点和 T_1 的所有的点连起来，我们就得到一个三角形面，是一个二维的单形，用 T_2 来表示。

我们现在在 T_2 的空间外取一点，并把这点 T_2 的所有的点连结起来，我们就得到了一个在三维空间的四面体，我们用 T_3 来表示。

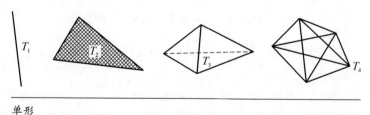

单形

现在我们来研究 T_1，T_2，T_3 的边缘的性质：T_1 的边缘是由 2

个端点组成，T_2 的边缘是由 3 个顶点及 3 条线段组成，T_3 是由 4 个顶点和 6 条线段及 4 个三角形组成。

现在我们列一个表：

单形 ＼ 边缘	零维	一维	二维	三维
点 T_0	1			
线段 T_1	2	1		
三角形 T_2	3	3	1	
四面体 T_3	4	6	4	1

读者如果看过关于贾宪三角形的文章，你们会马上发现以上的表和贾宪三角形有关系，事实上是它的一部分。

因此你会想如果在四维空间，我也可以找到一个叫 T_4 的图形，它应该是有 5 个顶点，10 条边，10 个面，和 5 个四面体做边缘。事实上，这是存在的，可惜在三维空间不能表现出来。

你看，你用联想和类比发现了一个拓扑学（topology）上的单形。

例 2　人类认识的过程是由简单发展到复杂。在初中我们学习几何最初是局限在平面上的几何图形：先认识点、线，然后是由线围成的三角形、正方形、长方形、四边形、梯形及多边形等。

点是零维空间，线和曲线是一维空间，平面是二维空间，是较简单的几何空间，当几何发展到三维空间时，由于几何图形的多样化，内容就比平面几何丰富和多姿多彩。

是否在低维成立的理论可以推广到高维呢？答案是：可以也不可以。因为有一些可以，但有一些就行不通了。

在平面几何上我们学习了最早由中国人发现的重要定理——商高定理（即"勾股定理"）。是否可以在立体几何上找到一个类似商高定理的东西呢？

首先我们想一想在三维空间有什么几何图形是非常类似平面上的直角三角形。

你说这不是很容易吗？四面体就可以看成三角形的推广，那么既然直角三角形是一种特殊的三角形，我们要找的四面体也是一个特殊的四面体。

非常好！你这样的考虑是对了。是怎样的特殊法呢？你看直角三角形顶点张出的角度是直角，我们是否可以考虑一个四面体，它的一个顶点对着其他三边张出的角度都是直角。

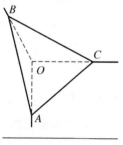

"墙角"四面体

读者如果在房里或教室看到本文此段时，你可以抬头看看你前面的墙脚，你想象一个平面把墙脚的 3 个互相垂直的边一截，就可以得到这个特殊的四面体了。

如果这还是太抽象的话，你可以拿一块豆腐，就在它的一角斜切，你就得到一个很具体的四面体。

现在我们看商高定理谈的是有关直角三角形边缘的性质，如果能推广这定理到"直角四面体"，这定理也将是关于它的边缘的性质，现在你猜想是这个四面体的 3 个三角形的面积和顶点对面的三角形的面积的关系。

这样的想法是有道理。

我们现在用△AOB 来表示三角形 AOB 的面积。如果商高定理能推广到"直角四面体"，那么这定理的表达样子应该是：

$$(\triangle AOB)^2 + (\triangle BOC)^2 + (\triangle COA)^2 = (\triangle ABC)^2$$

这个样子吧！

可能你又会想到三角形是二维几何图形，所以在商高定理，我们是勾、股、弦的平方。现在是在三维空间的四面体，我们应该考虑的是面积的立方。这个想法很好，所以可能推广的定理表达式是：

$$(\triangle AOB)^3 + (\triangle BOC)^3 + (\triangle COA)^3 = (\triangle ABC)^3$$

现在你找实际的特殊例子来验算，你会发现立方的表示式不对，而平方的表示式却成立！这样只有是平方表示式是可能对的。

事实上，商高定理是可以推广，不过在三维空间它的样子就是上面的平方表示式。

通过这些例子，你现在可以初步体会到怎样发现问题，怎样考虑问题。

有没有灵感这个东西

很多人时常把一些发现归于灵感的来临，而一些诗人也常说他们的诗是在灵感来后才写出来的。

印度自学成功的数学家拉马努金（S. Ramanujan），常常说他的数学发现是由于在梦中印度天神给他灵感而得到的。这实在有趣。

我不知道美国的发明家爱迪生是不是虔诚的教徒，上帝是不是对他特别宠爱。可是他却讲过一句话："天才是百分之一的灵感和百分之九十九的流汗。"他这句话还是比较有意义。

拉马努金

我相信，要认识一件事物，必须靠双手和大脑去实践去劳动，凭空靠坐下来胡思乱想，就能获得你期望的东西，那就像守株待兔的那个古代蠢人。

在数学上也是一样,你要有所发现有所创造,你必须学习,积累了一些知识,你还要去实践,经过一番劳动你才能有收获。一些提"天才论、灵感论"的人,只不过是想把数学神秘化,让一般人对其敬而远之。

在旧时代数学只是几个人研究的专利品,一般人不知道那是什么东西,更谈不上应用。而现在在"普及上提高"的政策下,在神州数学之花遍地开,一些老大娘还应用数学的方法来改进她们的家庭手工业的生产,数学回到群众的手中,而它也将会蓬勃地发展起来。

动脑筋,想想看

这里的问题有一些容易,有一些难。读者可以拿来练习,第一次不会做不要紧,慢慢你会想到解决的方法:

1. 用数学归纳法证明

对于任何 $n \geqslant 1$，$3^{2n} - 1$ 能被 8 整除。

2. 在自然数列 1，2，3，4，5，… 里,我们任意取四个连续整数乘起来,然后加上 1,例如:

$$1 \times 2 \times 3 \times 4 + 1 = 25 = 5^2$$

$$2 \times 3 \times 4 \times 5 + 1 = 121 = 11^2$$

$$3 \times 4 \times 5 \times 6 + 1 = 361 = 19^2$$

我们看到这几个例子的结果是一个平方数,而且其中的 5，11，19 还是素数。是否用以上方法得到的数都是一个素数的平方呢?

3. 观察 $1 = 1$

$$1 - 4 = -(1 + 2)$$

$$1 - 4 + 9 = 1 + 2 + 3$$

$$1 - 4 + 9 - 16 = -(1 + 2 + 3 + 4)$$

你可以看出接下去会有怎么样的规律呢？你能不能证明你发现的规律？

4. 将奇数数列 1，3，5，7，9，11，13，……排成下面的金字塔形，再做相应的加法：

$$1 \qquad\qquad\qquad = 1$$
$$3 + 5 \qquad\qquad = 8$$
$$7 + 9 + 11 \qquad = 27$$
$$13 + 15 + 17 + 19 \qquad = 64$$
$$21 + 23 + 25 + 27 + 29 = 125$$

你可以发现其中的一些规律吗？

5. 13 世纪时的中国数学家杨辉，提出了三角垛公式

$$1 + (1 + 2) + (1 + 2 + 3) + \cdots + (1 + 2 + 3 + \cdots + n)$$
$$= \frac{n(n+1)(n+2)}{6}$$

你利用以上的结果，试求出 $1^2 + 2^2 + 3^2 + \cdots + n^2$ 的一般公式。

$$1^2 + 2^2 + 3^2 + 4^2 + 5^2$$
$$= \frac{4 \times 5 \times 6}{6} + \frac{5 \times 6 \times 7}{6}$$

$$1^2 + 2^2 + 3^2 + \cdots + n^2 = \frac{n(n+1)(2n+1)}{6}$$

6. 用数学归纳法证明

(a) $1 \cdot 2 + 2 \cdot 3 + 3 \cdot 4 + \cdots + n \cdot (n+1) = \frac{1}{3}n(n+1)(n+2)$

(b) $2^n > n$

(c) 若 $0 < x < y$，则 $x^n < y^n$

7. 用数学归纳法证明

$$\frac{1}{1\times 2}+\frac{1}{2\times 3}+\frac{1}{3\times 4}+\cdots+\frac{1}{n\times(n+1)}=\frac{n}{n+1}.$$

8. 用数学归纳法证明，对于任何整数 $n\geqslant 2$，以下数量不超过 $\frac{1+\sqrt{5}}{2}$：

$$\sqrt{1+\sqrt{1+\sqrt{1+\sqrt{1+\cdots}}}}$$

9. 证明

$$\frac{1}{1}+\frac{1}{2}+\frac{1}{3}+\frac{1}{4}+\frac{1}{5}+\cdots+\frac{1}{2^n-1}+\frac{1}{2^n}\geqslant 1+\frac{n}{2}.$$

10. 证明

$$\left(1-\frac{1}{2}\right)\left(1-\frac{1}{4}\right)\left(1-\frac{1}{8}\right)\left(1-\frac{1}{16}\right)\cdots\left(1-\frac{1}{2^n}\right)\geqslant\frac{1}{4}+\frac{1}{2^{n+1}}.$$

11. 证明 $n^3-n(n\geqslant 0)$ 能被 6 整除。

12. 如果序列 a_1，a_2，$\cdots$，a_n 满足 $a_{i+j}\leqslant a_i+a_j$，那么我们有

$$a_1+\frac{a_2}{2}+\frac{a_3}{3}+\cdots+\frac{a_n}{n}\geqslant a_n$$

13. 用数学归纳法证明：$1+\frac{1}{2^2}+\frac{1}{3^2}+\cdots+\frac{1}{n^2}\geqslant\frac{3n}{2n+1}$

2 同余在日常生活中及算术和数论上的应用

从具体到抽象是数学发展的一条重要大道。

——华罗庚

猜猜星期几的游戏

你知道 2014 年 8 月 14 日是星期四，你能不能知道在 8 月的任何一天是星期几吗？比方说，你知道 8 月 26 日是星期几吗？

读者如果一下子想不出来，不要紧。让我们再看另外一个问题，这是比较容易，而你多数会算出来的。

先看最容易的问题：假定你读到这段文字时，你的手表指示是早上 9 点，在两个钟头前是多少点呢？你会笑道说："这是比喝水还容易的问题，$9 - 2 = 7$，这是 7 点嘛！"

好！我再请你考虑另外一个问题，过了 13 个钟头后，那是几点呢？这时你会说 $9 + 13 = 22$，22 要减掉 12 得 10，于是你会说是 10 点（晚上 10 点）。

如果你会这样算,你就是相当有数学头脑的人。现在你再试试这个问题:在 28 小时之后,手表是指多少点呢?你可以试试 $9+28=37$,这时 37 要减掉 $3\times12=36$,因此得 1,即 1 点整。

设现在的时间若是 A,问你经过 B 小时后手表的钟点数。解这个时钟问题的方法是这样的:你只要先算 $A+B$,然后就除以 12,余数就是手表的钟点数。

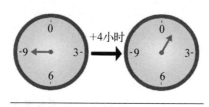

钟点问题

以上猜星期几的问题,事实上和这个算钟点的问题是一模一样的,我想你现在或许可以算到 2015 年 1 月 16 日是星期几吧?

我这里讲我是怎样考虑这个问题的。

假定某年 1 月 6 日是星期二,我们要知道 18 天后是星期几。我就画 7 个格子,顺时针方向算上一、二、三、四、五、六、日。

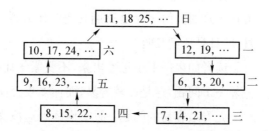

然后我按顺时针方向从有"三"的格子开始算 1,2,3,…,18。算到 18 时落在格子"六",我就知道 18 天后是星期六。

你看了会哈哈大笑:"这有什么稀奇,我也会这样算。"好,现在让我告诉你一个秘密,我不用以上那种笨方法,我有一个稍微聪明的方法。

我们知道被除数=除数×商数+余数,我把 18 用 7 除,然后看它的余数是多少。

18÷7＝2 余 4，于是我就把星期二写成星期（二加四）即星期六，就是所求的星期几。因为从第三格开始，每算到 7，就会回到第二格（即星期二），因此我只要知道天数除以 7 后的余数就行了。

我们再考虑这样的问题：2014 年 8 月 14 日是星期四，问 40 年后的 2054 年 8 月 14 日是星期几？

由于每年有 365 天，40 年有 40×365＝14 600 天，但每四年有一个闰年，40 年中有 10 个闰年，故 40 年有 14 610 天。

14 610＝7×2 087＋1

说明 40 年中有 2 087 个星期，外加 1 天。因此，40 年后的 8 月 16 日应该是星期（四加一）即星期五。

同余的重要性质

现在让我们翻翻在 1801 年出版的德国大数学家高斯（Carl Friedrich Gauss，1777—1855）写的书：《算术探索》（*Disquisitiones Arithmeticae*）。书中第一篇讨论一般的数的同余，并首次引进了同余记号，这是现代数学中无处不在的等价和分类概念出现在代数

高斯和他的《算术探索》中译本

中的最早的意义重大的例子。

在这书里他第一次介绍了数学上的一个很重要的等价关系——同余的概念。

给定一个正整数 m，我们说两个整数 a，b 与 m 同余，如果 $a-b$ 能被 m 整除。用数学符号表示 $a\equiv b(\bmod\ m)$，读作"a 和 b 与 m 同余"或"以 m 为模 a 和 b 同余"。如果 $a-b$ 不是 m 的倍数，我们就说"a 和 b 不与 m 同余"，写成 $a\not\equiv b(\bmod\ m)$。例如 $7\equiv 32(\bmod\ 5)$，而 $8\not\equiv 5(\bmod\ 2)$。

我刚才说同余是一个等价关系，主要是指它有这样的三个性质：（1）反身性 $a\equiv a(\bmod\ m)$，对于所有的 a；（2）对称性：若 $a\equiv b(\bmod\ m)$ 则 $b\equiv a(\bmod\ m)$；（3）传递性：由 $a\equiv b(\bmod\ m)$ 及 $b\equiv c(\bmod\ m)$ 我们可以推导到 $a\equiv c(\bmod\ m)$。

这性质可以把整数划分成几类，我们常说的"物以类聚"在数学中也常见到。比方说，我们给定 $m=3$，根据这同余就可以把整数分成三类：第一类，所有 3 的倍数，我们写成 $[0]_3$，即 x 在 $[0]_3$ 当且仅当 $x\equiv 0(\bmod\ 3)$；第二类，所有形如 $3k+1$ 的数，写成 $[1]_3$，我们说 x 在 $[1]_3$ 当且仅当 $x\equiv 1(\bmod\ 3)$；还有第三类是 $[2]_3$，即所有满足 $x\equiv 2(\bmod\ 3)$ 的整数 x。

现在我们把这种"气味相同、志趣相投"的数分别放进 3 个格子里去：

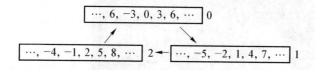

你会发现这些格子里的数有这样的性质：如果 a 是在 $[p]_3$，b 是在 $[q]_3$ 里，那么 $a+b$ 一定落在 $p+q$ 所在的格子里，比方说 4 在 $[1]_3$ 里，2 在 $[2]_3$ 里，那么 $4+2=6$ 就要在 $1+2=3$ 所在的格子即 $[0]_3$ 里。

对于乘也有这样的性质,你看如果 a 在 $[p]_3$ 里,b 在 $[q]_3$ 里,那么 $a \times b$ 要在 $p \times q$ 所在的格子里。

以上的这些性质,用同余可以表示为:如果我们有 $a \equiv b \pmod{m}$,$c \equiv d \pmod{m}$,则一定会有 $a \pm c \equiv b \pm d \pmod{m}$ 及 $a \times c \equiv b \times d \pmod{m}$。

这是同余的一个很重要的性质,因此如果 $a \equiv b \pmod{m}$,我们一定会有 $a^n \equiv b^n \pmod{m}$,这里 n 是任意正整数。

我们前面讲的日常生活中的星期几,事实上就是以 7 为模的同余的概念,而我计算星期几的方法事实上就是用到以上同余的性质。你可知道同余还有许多用处吗?

古代印度的传说

据说现在的国际象棋是印度人发明的。传说这个发明象棋的聪明人把他的发明献给印度国王,这个饱食终日的国王最喜欢有可以消遣的东西,因此他命令他的大臣拿珠宝黄金给这个聪明人。

这个聪明人却表示他不想要珠宝黄金。他只要麦粒,而他的要求是不多不少:第一次给他 1 粒麦,第二次给他 2 粒麦,第三次给他 4 粒麦。棋盘有多少格,就要给多少次,而每次的麦粒是前面那次的 2 倍。

国王听了哈哈大笑,心里想:"有这样蠢的人,好东西不要,却要这么少的几粒麦。"因此就对大臣说:"给他十袋麦好了,不必这样麻烦算。"

可是聪明人坚持他的那个原先要求,读者或许会和那国王一样想这个聪明人事实也不是很聪明,十袋麦肯定比他的所要还多吧?国王于是答应他的要求。

愚蠢的国王决定

过不久，他的大臣气急败坏地跑来对国王讲，我们全国仓库的麦都不够给这人。理由很简单：$1+2+4+8+\cdots+2^{63}$（棋盘共有64格）是个很大的数字，等于$2^{64}-1$，这数字大得超过恒河沙滩上的沙数。

我不知故事的结尾。但我猜想这个国王一定是以"欺君之罪"把这个聪明人处死，这样他就不必付出什么报酬了。

你能不能够不必直接算出2^{1000}这个非常大的数，而知道它最后一位数是什么？如果你会利用同余的性质，用不了十分钟的时间就知道答案了。

你只要算出$2^{1000}\equiv x(\bmod 10)$中的$x$是多少就行了，当然我们要在$\{0，1，2，3，4，5，6，7，8，9\}$中选$x$。

这时你观察到$32=2^5\equiv 2(\bmod 10)$，因此

$2^{1000}=(2^5)^{200}\equiv 2^{200}(\bmod 10)$，

现在$2^{200}=(2^5)^{40}\equiv 2^{40}(\bmod 10)$，

而$2^{40}=(2^5)^8\equiv 2^8(\bmod 10)$，

又$2^8=(2^5)\times 2^3\equiv 2\times 2^3=16\equiv 6(\bmod 10)$，

由同余的传递性，你得到$2^{1000}\equiv 6(\bmod 10)$，所以$2^{1000}$的最后一位数是6。

如果你要知道2^{1000}的最后两位数，你就需要考虑$2^{1000}\equiv x(\bmod 100)$，考虑的方法也是类似以上的情形：

先由$2^8=256\equiv 56(\bmod 100)$，

因此$2^9\equiv 112\equiv 12(\bmod 100)$，

即 $2^{10} \equiv 24(\bmod\ 100)$，

故 $2^{1\,000} = (2^{10})^{100} \equiv (24)^{100}(\bmod\ 100)$。

现在你再设法求出 $(24)^{100}$ 和什么两位数对 100 同余，这两位数就是 $2^{1\,000}$ 的最后两位数了。

7，13，17，19 的整除性的判定法

在 1955 年，东非一位名叫卡珊卡基（Kashangaki）的学生发现了判定 7，13，17，19 的整除性的一个方法，这方法很巧妙：

给定一个数 N，如 $N = 2\,374$，我们可以把它写成 $10a + b$ 的样子，这时 $a = 237$，$b = 4$。

我们要看它是否能被 7 整除，先看 $a - 2b$ 是否能被 7 整除，如果可以的话则 N 能被 7 整除。

可以用这样的步骤检验：

例 1	2374		例 2	1148
$-$	8		$-$	16
	229			98
$-$	18		$-$	16
	4			-7

所以 2 374 不能被 7 整除，而 1 148 是能被 7 整除。

这方法就是：把原数的最后一位抽掉，剩下来的数减去最后那位数的 2 倍，如果余数是 7 的倍数，该数一定能被 7 整除。

判断 13，只要检验 $a + 4b$ 是否为 13 的倍数。

判断 17，只要检验 $a - 5b$ 是否为 17 的倍数。

判断 19，只要检验 $a + 2b$ 是否为 19 的倍数。

现在你试试用同余的性质来证明卡珊卡基的方法是正确的。

11 的整除性判定法

是否对 11 也可以用以上方法那样处理呢? 读者可以自己先找找看。

我这里一个判断法是: 只要看 $a-b$ 是否能被 11 整除。

例如

$$
\begin{array}{r}
515\cancel{9} \\
-)\quad\ 9 \\
\hline
50\cancel{6} \qquad ① \\
-)\quad\ 6 \\
\hline
44 \qquad ②
\end{array}
$$

由于 $44 = 4 \times 11$,所以 5 159 是 11 的倍数。

读者可以看到以上的运算,事实上是这样的:

① 对应 $5\,159 - 99 = 5\,060$,

② 对应 $5\,060 - 660 = 4\,400$,

所以 $5\,159 = 5\,060 + 9 \times 11$

$$
\begin{aligned}
&= (4\,400 + 660) + 9 \times 11 \\
&= (400 \times 11 + 60 \times 11) + 9 \times 11 。
\end{aligned}
$$

因此只要最后的数是 11 的倍数,就可以由下面推到上面的数也是 11 的倍数了。

判断一个整数是否能被一个素数整除有许多种方法,这些方法事实上可以从同余的性质容易推导出来。我们下面就介绍:怎样用同余性质找整数能被 3 或 5 整除的方法,读者可以模仿这方法来证明卡珊卡基方法的正确性。

用同余找 3 和 5 的整除判断法

我们人类因为生有 10 只手指,因此在数学上采用的是:"逢十进一"的十进位制。(当然,如果在银河系的 X 星球的星球人一生下来是有 12 只手指的话,它们一定是采用十二进位制。)

我们普通写的数字,如 1 970 就是 $1 \times 10^3 + 9 \times 10^2 + 7 \times 10^1 + 9 \times 10^0$。

如果有一天 X 星球的人打个电报告诉你:他们一队"X 星球-地球友好协会"的代表共 11·8·6 人要来拜访你,你可知道当他们来地球时,你要在家里准备多少椅子请他们坐呢? 对于我们来说,11·8·6 就意味着

$$11 \times 12^2 + 8 \times 12^1 + 6 \times 12^0 = 1\ 686$$

因此以后为了宇宙大家庭的成员不会混淆起见,凡是一个星球的生物采用 p 进位制,必须把所写的数字括弧,然后在右下角写上 p。我们地球人就写 $(1\ 975)_{10}$,而 X 星球的朋友要写 $(11 \cdot 8 \cdot 6)_{12}$。

现在地球人是怎样判断一个整数 $N = (a_k a_{k-1} \cdots a_1 a_0)_{10}$ 能被 3 整除呢?

懂得同余的地球人这样考虑问题:由于 $10 \equiv 1 (\bmod\ 3)$,因此所有的 $10^k (k \geqslant 1)$ 都有 $10^k \equiv 1 (\bmod\ 3)$。读者可以这样推导:$10 \equiv 1 (\bmod\ 3)$,所以 $10^2 = 10 \times 10 \equiv 1 \times 1 (\bmod\ 3)$,由此类推。

因此如果 $N = a_k \times 10^k + a_{k-1} \times 10^{k-1} + \cdots + a_1 \times 10 + a_0$ 的话,由 $10^i \equiv 1 (\bmod\ 3)$ 我们对所有的 $i (i = 0, 1, \cdots, k)$ 就有下面的关系:$a_i \times 10^i \equiv a_i (\bmod\ 3)$。

因此 $N = a_k \times 10^k + a_{k-1} \times 10^{k-1} + \cdots + a_1 \times 10 + a_0$

$$\equiv a_k + a_{k-1} + \cdots + a_1 + a_0 \pmod 3$$

我们由此可以看出 N 能被 3 整除当且仅当 $a_k + \cdots + a_0$ 能被 3 整除。

例 3 3 能整除 12，123，$12\,345$，但不能整除 $1\,234$，因为 $1+2=3$，$1+2+3=6$，$1+2+3+4+5=15$ 而 $1+2+3+4=10$。

在小学学算术时，老师对我们讲一个数 $(a_k a_{k-1} \cdots a_1 a_0)_{10}$ 如果能被 5 整除，必须是 $a_0 = 0$ 或 $a_0 = 5$。现在用同余就可以很容易解释清楚。因为 $10^k \equiv 0 \pmod 5$，因此

$$N = a_k \times 10^k + \cdots + a_1 \times 10 + a_0 \equiv a_k \times 0 + \cdots + a_1 \times 0 + a_0 \pmod 5$$

即 $N \equiv a_0 \pmod 5$，因此 N 能被 5 整除当且仅当这个 a_0 是 0 或 5。

X 星球的小学老师告诉我，他们那里的孩子懂得判断一个整数 $N = (a_k \cdots a_1 a_0)_{12}$ 被 11 整除的方法。为了表示我们地球人的数学也不会太差，我建议读者找找判断方法，好吗？

整数表示为平方数和的问题

我们现在考虑两个数列：

n：0，1，2，3，4，5，6，7，8，9，10，11，12，13，$\cdots$

n^2：0，1，4，9，16，25，36，49，64，81，100，121，144，169，$\cdots$

我们用 $S(k)$ 来表示可以用 k 个平方数的和来表示的整数的集合。例如，$S(2) = \{1, 2, 4, 5, \cdots\}$。

读者如果注意观察，会发现凡是形如 $4k+3$ 的整数都不在 $S(2)$ 里面。

$S(3)$ 有什么整数呢？首先 1 是在里面，$1 = 1^2 + 0^2 + 0^2$，2 也是在里面，因为 $2 = 1^2 + 1^2 + 0^2$。3 也可在里面，因为 $3 = 1^2 + 1^2 + 1^2$。$4 = 2^2 + 0^2 + 0^2$，$5 = 2^2 + 1^2 + 0^2$，$6 = 2^2 + 1^2 + 1^2$，所以 4，5，6 都在 $S(3)$。但是你会发现 7 不在 $S(3)$ 里。

如果你多次观察你也会发现凡是形如 $8k + 7$ 的整数都不在 $S(3)$ 里。

$S(4)$ 是包含什么样的东西呢？答案是：所有的自然数。这是法国数学家拉格朗日（Joseph Louis Lagrange，1736—1813）在 1770 年证明的一个有名的定理。

要证明整数形如 $4k + 3$ 不在 $S(2)$ 里，及形如 $8k + 7$ 不在 $S(3)$ 里是否会很难呢？我想不会太难，用同余就可以协助我们解决。

拉格朗日

我们知道自然数可以根据同余分成四个部分：

$[0]_4 =$ 那些是 4 的倍数的整数的集合，

$[1]_4 =$ 那些形如 $4k + 1$ 的整数的集合，

$[2]_4 =$ 那些形如 $4k + 2$ 的整数的集合，

$[3]_4 =$ 那些形如 $4k + 3$ 的整数的集合。

$(4k + 1)^2 = (4k)^2 + 2(4k) + 1 = 4(4k^2 + 2k) + 1$，

$(4k + 2)^2 = (4k)^2 + 4(4k) + 4 = 4(4k^2 + 4k + 1)$，

$(4k + 3)^2 = (4k)^2 + 6(4k) + 9 = 4(4k^2 + 6k + 2) + 1$。

在 $[0]_4$ 的数，平方后显然仍旧在 $[0]_4$ 里不会跑掉。而由上面三式，$[1]_4$ 里的数也是平方后仍在原来的老巢里，但是在 $[2]_4$ 里的数，一平方后就飞到 $[0]_4$ 里去了，$[3]_4$ 的数也是一样，平方后溜到 $[1]_4$ 中。

　　由此我们知道：任何数一平方后，要不是形如 $4k$ 就是形如 $4k+1$。

　　现在看两个平方数 x，y 的和。可能情形有三种：

　　第一种：x 是形如 $4k$，y 是形如 $4k$，$x+y$ 当然是形如 $4k$，

　　第二种：x 是形如 $4k$，y 是形如 $4k+1$，$x+y$ 当然是形如 $4k+1$，

　　第三种：x 是形如 $4k+1$，y 是形如 $4k+1$，$x+y$ 当然是形如 $4k+2$。

　　这三种情形都没有 $4k+3$ 的样子，这就是说凡是形如 $4k+3$ 的整数一定不能表示成两个平方数的和。

　　你看我们不是解决了 $S(2)$ 的情形吗？关于在 $S(3)$ 中不包含 $8k+7$ 形状的数的证明，留给读者自己练习。

　　但是，要证明 $S(4)$ 是全体自然数，却是一个非常困难的问题。这个问题其实早在 1621 年就提出了。后来费马声称自己证明了它，但从未公布。欧拉曾试图证明它，他已非常接近最终胜利，却为拉格朗日第一个成功证明做了铺垫，不久之后欧拉自己也证出来了。

偶完全数的一个巧妙性质

　　为了使读者了解同余，能帮助我们更深入认识数的一些美丽性质，我们来研究偶完全数一个很巧妙的性质。

　　我们回忆一下：完全数是这样的整数，它的所有小于它本身的因子的和等于自身。我们知道的完全数到目前为止只有 48 个，而且都是偶数。最小的几个是 $6=1+2+3$，$28=1+2+4+7+14$，496，8 128，33 550 336。

　　你可以看到这些数的个位数时常是 6，要么最后两位数是 28。

如果明天有一个新的偶完全数被人们发现,它的个位数或最后两位数是否也会是 6 或 28 呢?

我们知道 2 000 年前的欧几里得及 18 世纪的数学家欧拉证明了偶完全数只能是 $2^{k-1}(2^k-1)$,这里 $k=2$ 或 k 是奇数。

欧拉

$k=2$ 时,我们得最小的偶完全数 $2(2^2-1)=6$。

现在看 k 是奇数的情形,奇数可以分成两类:

第一类　k 被 4 除后余 1,即 $k\equiv 1(\bmod\ 4)$。

由于 $k-1=4n$,所以 $2^{k-1}=2^{4n}=(2^4)^n$。

从 $2^4=16\equiv 6(\bmod\ 10)$ 我们有 $2^{k-1}\equiv 6^n(\bmod\ 10)$,但是 $6^2=36\equiv 6(\bmod\ 10)$,$6^3\equiv 6(\bmod\ 10)$,一般 $6^n\equiv 6(\bmod\ 10)$,所以由同余的传递性我们说 $2^{k-1}\equiv 6(\bmod\ 10)$。

所以 $2^k=2\times 2^{k-1}=2\times 6=12\equiv 2(\bmod\ 10)$,

因此 $2^k-1\equiv 2-1(\bmod\ 10)$,即 $2^k-1\equiv 1(\bmod\ 10)$,

所以 $(2^k-1)2^{k-1}\equiv 6(\bmod\ 10)$,这就是说当偶完全数的 k 是第一类,这数减 6 后必能被 10 整除,也就意味着这完全数的个位数是 6。

第二类　k 被 4 除后余 3,即 $k\equiv 3(\bmod\ 4)$,

由 $k-3=4n$,我们得 $2^{k-1}=2^{4n+2}=2^{4n}\cdot 2^2\equiv 6\cdot 4\equiv 4(\bmod\ 10)$。

读者用数学归纳法可以证明当 $k>3$ 时,所有的 2^{k-1} 都能被 4 整除,因此 2^{k-1} 的个位数是 4,且最后的两位数也能被 4 整除,所以它最后两位数可能出现 04,24,44,64 或者 84,即 $2^{k-1}\equiv 4$,24,44,64 或 84$(\bmod\ 100)$,

所以 $2^k-1=2\times 2^{k-1}-1\equiv 7$,47,87,27 或 67$(\bmod\ 100)$,

因此 $2^{k-1}(2^k-1) \equiv 4 \times 7, 24 \times 47, 44 \times 87, 64 \times 27$ 或 84×67。

读者试试算以上的各种情形一定会得到

$$2^{k-1}(2^k-1) \equiv 28 \pmod{100}$$

圆上的格点问题

你找一个直角坐标图纸，然后以原点为中心、1 单位长为半径画一个圆。你看看这个圆经过哪些其 x 坐标及 y 坐标是整数的点？

你会看到只有四点，即 $(0, 1)$, $(0, -1)$, $(-1, 0)$, $(1, 0)$。

我们在数学上把这类平面上 x 坐标及 y 坐标都是整数的点称为整点，或者格点（lattice point）。现在再看以原点为中心、$\sqrt{2}$ 单位长为半径的圆经过的格点，有 $(1, 1)$, $(-1, 1)$, $(1, -1)$ 及 $(-1, -1)$。

是否每次以原点为中心，以一个 $\sqrt{n}$ 单位长为半径的圆一定会经过一些格点呢？你看了以上的例子，你多数会说："一定会有一些格点在圆上。"

那么让我们看这个结论是否对呢？你以 $\sqrt{3}$ 为单位半径，及以原点为中心画圆，你看一看会有什么结果？

真是奇怪，怎么这时候没有格点落在圆上呢？是的，数学就是这样有趣的玩意儿，问题的条件稍微有一点变化，整个结果的情形就改变了。

由于以原点为中心，以 $\sqrt{n}$ 为半径的圆，它在直角坐标平面上的方程是 $x^2 + y^2 = n$。因此问："圆以原点为中心、$\sqrt{n}$ 为半径是否有格点在上面？"就等价于问："代数方程 $x^2+y^2=n$ 是否有整数解？"

在 $n=4$，5 时读者很容易可以找到它们的解，可是在 $n=6$，7 时却无解了，$n=8$ 时却有解。

我们检验 $n=1$，2，$\cdots$，8，看到 n 在 3，6，7 时无解。

现在看到 $6=3\times2$，$7=4+3$，我们或许可以做下面的：

(猜测 A)当 $x^2+y^2=3k(k=1,2,\cdots)$ 时，方程无整数解。

(猜测 B)当 $x^2+y^2=4k+3(k=1,2,\cdots)$ 时，方程无整数解。

检验(猜测 A)，看到当 $k=1,2,3,4,5$ 时方程真的是无整数解。很可能(猜测 A)真是一个定理。你再对 $k=6$ 检验，这时你却发现 $(\pm3)^2+(\pm3)^2=18$，因此(猜测 A)是不对的。

(猜测 B)却真的是一个定理。用同余的性质很容易证明：由于 $4k+3$ 是奇数，所以 x 和 y 不能同时是奇数或偶数，理由是偶^2＋偶^2＝偶，奇^2＋奇^2＝偶。一定要 x 和 y 一个是奇数一个是偶数。假定 x 是奇数，它被 4 除后余数是 1 或 3，即 $x\equiv1(\mod 4)$ 或 $x\equiv3(\mod 4)$，因此 $x^2\equiv1^2(\mod 4)$ 或 $x^2\equiv9(\mod 4)$，即 $x^2\equiv1(\mod 4)$。如果 y 是偶数，则 $y^2\equiv0(\mod 4)$，因此由同余性质可以知道 $x^2+y^2\equiv1(\mod 4)$，所以 x^2+y^2 应该是形如 $4t+1$ 的样子而不会是形如 $4m+3$，这和假设矛盾。所以 $x^2+y^2=4k+3$ 不会有整数解。

自学材料

(1) 我们看平方数序列：1，4，9，16，25，36，49，64，81，$\cdots$，我们把它们各用 9 除，看看它们的余数是什么？

我们得到是 1，4，0，7，7，0，4，1，0，$\cdots$。

是否一个平方数 N 被 9 除，其余数只可能是 0，1，4，7 这四种？

（2）研究一个平方数 N 被 11 除时，它的余数可能出现的情形。

（3）模仿"圆上格点问题"的考虑方法，证明如果 m 是奇数，则 $m^2 \equiv 1 \pmod 8$。先试试 1，9，25，49，81，121 等减 1 后的情形，然后看怎样由这些特殊情形找出一般的证明方法。

（4）$3^{100} \equiv ? \pmod 7$。

（5）3^{999} 的最后一位数是什么？最后两位数是什么？

（6）哪一些整数 n 有这样的性质：n 和 n^2 被 4 除后有相同的余数？

（7）法国数学家费马在 1635 年提出一个问题：找 $5^{999\,999}$ 被 7 除后的余数。提示：你先对 5，5^2，5^3，5^4，… 被 7 除后的余数观察，看看能找出什么规律。

（8）证明任何立方数如果不是 9 的倍数，它只要加上 1 或者减掉 1 之后一定是能被 9 整除。

（9）借助同余性质证明：对于任何整数 n，$\dfrac{n(n+1)}{2}$ 的最后一位数不会出现 2，4，7，9。这是波兰中学数学比赛的问题。

$\dfrac{n(n+1)}{2}$ 在数学上叫"三角数"（triangle number），读者若想多知道这数的性质可以参看文章《级数趣谈》。

（10）如果两个数 a，b 的平方和能被 7 整除，证明 a 和 b 必须同时是 7 的倍数。

（11）观察数 12 330，我们看到 $1+2+3+3+0=9$ 是 9 的倍数，因此 12 330 能被 9 整除。试试证明更一般的结果：如果一个数 N 以 b 进位表示写成 $(a_k \cdots a_1 a_0)_b$，而 d 能整除 $b-1$，则 $N \equiv a_k + a_{k-1} + \cdots + a_1 + a_0 \pmod d$。

（12）求 $437 \times 309 \times 2\,013$ 被 7 除的余数。

(13) 假设 x, y, z 是满足 $x^2 + y^2 = z^2$ 的整数,则 x, y 不能同为奇数。

(14) 求 $\overset{1\,993\text{个}1}{\overline{111\cdots11}}$ 被 7 除的余数。

3 数学界的奇人妙事

> 我们努力去了解伟大的作家吧，爱他们，陶
> 醉在他们的天才中吧。但是我们要小心，不要把
> 他们贴上标签，像药剂师的药品那样。
>
> ——罗丹

数学家和普通人有什么不同？

我想他们和一般人一样有七情六欲，也有喜怒哀乐，只是他们从事的工作由于多数人不了解，因此一些人以为数学家是很奇怪的人。

我的一个朋友是大学教授也是数学家，他对我说他有一次参加一个朋友的婚礼，朋友的亲戚最初围绕他有说有笑，有人问他从事什么职业，他说他是数学家，研究整数的性质。这时，周围的人都纷纷说他们数学不好，很怕数学，最后大家好像连带也害怕从事数学研究的他，对他敬而远之。

他说他发现自己是无趣的，一个人孤单地站在那里喝酒，真是要洒一点伤心泪！

我这里想讲一讲一些数学家的趣事，了解各种各

样的人,以后如果你有机会碰到一些数学家,你就不会觉得他们可怕了。

希望你们会喜欢他们,不过要像罗丹所说的,不要随便在他们身上贴上标签!

反抗潮流的罗素

伯特兰·罗素(Bertrand Russell,1872—1970)是著名数理逻辑家,也是一位哲学家,他从 23 岁开始写作,不断工作 75 年,共写出一百多本书及上千篇的论文。他在 1950 年获得诺贝尔文学奖,如果他能再活十年,我相信他会获得诺贝尔和平奖。

他是一个和平主义者,他说:"在我的一生中,从未碰到过像从事和平主义运动这样毫不犹豫地奉献全部心灵热诚的工作,我生平第一次发现了我把全副的天性浸沉到工作的韵律中。"

第一次世界大战,德国人与法国人交战失败时,罗素就在 1915 年预言:"一般的德国人,将会设法寻求如何为下一次准备得更好的方法,而且将会更忠实地服从他们军国主义领袖的话。"他预言:"第一次世界大战导致了独裁专政的恐怖和第二次世界大战。"后来果然应验。

在 1921 年他来北京大学讲学,了解中国在鸦片战争之后受列强的欺凌,以及日本的军国主义的发展。他回英国演讲,谈"东方问题",作了两项预言:

(1)日本由于人口的压力,会实行扩张主义的政策,侵略中国,并且以后会和美国发生正面冲突,进而演变成全面大战,可是最后将会被美国击败。

(2)中国如果要避免被外国的征服,首先必须放弃传统生活方式,并且普遍地发展爱国心及足够的武力⋯⋯中国人平常是冷静的,但是也有奋激的能力……中国人必须以他们自己的力量去寻求解救之道,而不是靠外国列强的仁慈心。

这些话果然在以后大部分实现了。

在 1916 年,他 45 岁时,由于反战的活动,被三一学院免除教职,美国哈佛大学却邀请他去讲学,但英国外交部不给他护照。因此他决定留在英国,以公开演说作为他的职业,并且准备好"政治的哲学原理"的演讲。可是陆军部却发禁令:只能在英国内地如曼彻斯特作演说,不能在"禁区"——所有英国的沿海城市——发表演说。理由是:"罗素的言论无疑已经妨碍了战争的进行……我们已获得了可靠的情报,证明罗素将要发表一连串会严重打击士气的演说。"

但罗素听了后说:"我唯一热诚的希望是,我们的情报人员,以后对有关德国人的情报不会像对我个人的这么不正确。"

罗素参加反战的 NCF 委员会。后来成为英国社会主义国会议员的费纳·布罗克威回忆这时期的罗素说:"他是令人愉快的,充满了好开玩笑的精神,正像一个忍不住气的聪明的淘气鬼,在那段时间,他的经济情况相当差,所以来委员会时常会迟到,有一次是因为他没有钱付车费——但这也许是因为他有时候对世俗的琐事很健忘的关系。"

有时 NCF 害怕政府会禁止他们活动,而另外组织一个地下组织,并且他们有精密的暗码系统来控制。有一次,布罗克威把藏有他们秘密计划的公事皮包遗放在计程车上,而被司机送到警察局了。当布罗克威把这情况在委员会上报告,罗素便以开玩笑的口语提议:"我们休会后,马上到苏格兰场去,以免再麻烦警察大人来抓我们。"结果还好,委员会有一个成员的哥哥是高级警官,通过他把皮包拿回来,没有被警方打开来看。

再有一次,他们听说他们的主要办公室将被警察搜查,于是他们跑到另外一个临时场所开会,与此同时,听说外面还有六个侦探在寻找他们呢。这时罗素很兴奋地说："他们将会来找我们，那么让我们到一位爵士之家接受逮捕罢！"

于是他们分乘三辆计程车到他哥哥的家。罗素开心地想到当警察要进来逮捕时，罗素伯爵不知道要说什么。可惜哥哥不在家，警察也没有来逮捕，令他很失望。

不喜欢回信的怀特海

怀特海（Alfred North Whitehcad，1861—1947）是英国著名的数学家，他是罗素的老师。当他工作时专心致志，旁若无人。

有一年夏天罗素带他的朋友去看望怀特海。当时他正坐在花园一个荫凉的角落写数学文章。

当时罗素和朋友距离他只有一码，看他在纸上一页一页地划数学符号，完全不知道他们的到来。

过了一会儿，他们只好带着敬畏的心情悄悄地走开。

怀特海不喜欢给人回信，有一次罗素写信向他请教一个数学问题，当时他正准备和法国数学家庞加莱（H. Poincaré，1854—1912）打笔战，因此急着想从老师那里得到回信，但怀特海没有回信。

罗素再写一封信，怀特海仍没有回信。

罗素打了一个电报给他，他依然保持缄默。

罗素又打了一封付好回资的电报给他，仍然没有回音。

最后只好亲自跑到他住所向他当面请教。

假如他的朋友有人收到他的信，大家便会集合起来恭喜接到信的幸运者，人家问怀特海为什么不回信，他说："假如我经常要给人回信，我就没有时间从事独创性的工作了。"

怀特海是一个哲学家，他的哲学思想有一些中国的色彩，他在

1929年出的论著《过程与实在》（*Process and Reality*）一书中写道："在这样一般状态下，机体论哲学似乎更接近于印度的或中国思想的某些色彩而不是西亚或欧洲思想的色彩。一方面视过程为根本，另一方面视事实为根本。"

他说："哲学是以有限性的语言去表达宇宙的无限性的一种尝试或企图。"他还说："我主张哲学是对抽象概念的批判。它有双重作用：第一是使抽象概念获得正确的相对地位，以求得彼此的和谐，第二是直接对照宇宙中更具体的直觉，以求完成它们；因而促进更完整的思想体系之形成。"

辛格和日本庙签

辛格（I. M. Singer，1924— ）是美国著名的数学家，曾在麻省理工学院（MIT）及加州大学伯克利分校教书。

辛格在一般微分几何学上有重要的贡献。在1965年日本的京都数理解析研究所举办美日微分几何学专题研讨会，辛格是美国来的十几位代表之一。

在开会空档时间他去参观京都美丽的市容，他进入一间佛教寺庙，看到人们抽取庙签，他也入乡随俗拿了一张庙签。

回到会场，他掏出袋子里的庙签请日本数学家解释里面的内容。

日本数学家说："您不久可以得到一个可爱的女孩。"

辛格以为这位日本教授知道他的太太怀孕，因此故意开玩笑，也就不把这事放在心上，可是在后来问了几位其他日本教授，他们也是这样翻译，并且有人说这寺院的庙签很灵验的。

他回到美国之后，太太果然生了一个很可爱的女儿。他给朋友写信："日本的庙签真灵，说我有孩子，而且还是女孩，真准！"

辛格后来在杨-米尔斯方程上有很重要的工作,引起许多数学家纷纷研究这方程。

意外死亡的弗兰克·亚当斯

弗兰克·亚当斯(J. F. Adams)是剑桥大学天文学与几何学教授,他是近世代数拓扑学领域的一位杰出的数学家,可惜的是他在1989年1月7日的一次车祸中过世。

他的工作在数学上很重要,可惜很难对一般的读者解释,可以说他的贡献在一百年之后还会在数学史上像牛顿那样被人追忆。

1986年德国海德堡大学庆祝建校600周年时特别颁给他名誉博士学位,在颁学位仪式上,他必须发表演讲。他不想用英语讲,同时感到他的德语不是那么好,讲出来可能所有的人会觉得莫名其妙。

他是很认真的人,于是就用拉丁语(在欧洲已经几乎是绝迹的语言)。他把演讲稿写好,里面包含了一些笑话,然后请人教他用正确的德语发音拉丁语,然后他很骄傲地用德语音调的拉丁语进行演讲。

1983年在波兰华沙举行国际数学家大会。西方许多国家的数学家不想去参加。亚当斯却参加了,他还给没有出席的朋友写自己的观感。

在信中他也描写了他的一个怪癖,只要看到眼前有最高的物体,他就想要爬到它的顶端,不管它是座建筑物还是座山。

"我还细致地游览了科学与工业宫,这次数学会议就是在这里召开的……普通瞭望台设在第31层,一般的电梯则开到第33层。再上去另有一部电梯,据推测是为工作人员专用的,它从第33层开到第45层。由于全是爬楼梯观光,所以我能很好了解地形,而且对什么时候电梯没有而只有楼梯也毫不在意。我发现几个更好更合适的瞭望点高高地在楼塔里，这里的鸽子看到了我，非常惊讶。塔的顶部是一个直立管形的钢尖。因为我已经不再去理会所有的波兰文告示，我猜测它们肯定是禁止一切未经许可的人员再往上走，于是就往上爬登上塔尖，直至往上放着一个梯子的地方。"

亚当斯喜欢乡村的生活，他也喜欢园艺。他在亨明福德·格雷(Hemingford Grey)的家的后院设计了一座半圆形多年生植物园，在屋子的一边他造了种纸莎草的园池子。有一次一只癞蛤蟆跑来定居，他的女儿凯蒂(Katy)好高兴，说那有紫铜色眼睛的癞蛤蟆是一个可爱的家伙，吃饭要在池边吃，可以好好地不断欣赏。

亚当斯也喜欢做复杂的木工活及涂瓷釉。1975年他为妻子做了一只首饰匣作为生日礼物。它用日本栎木，配上很多用暗锁接合的接缝、黄铜铰链和锁，杉木隔底盘等。为了提防匣子做坏，他同时做了两只匣子的毛坯，一个坏了，另外还可做一个。

第一个匣子开始并不太好，放在集中取暖的屋内，它的盖子会内凹，他把匣子拿出来，把盖子去掉，刨去同匣子其余部分配合不好的地方，最后做好。第二只首饰匣做得非常好，当拿去作圣诞礼物时，使人非常惊讶它和第一只匣子是很漂亮的一对。

亚当斯过世了，许多人很怀念这位见到山就爬、爬过苏格兰和日本的一些山的数学家。这个数学家待人谦和，不喜嚣张，可是爱开跑车，和他性格不相配，最后死于车祸真是令人惋惜。

4 应用数学家钱伟长

回顾我这一辈子，归根到底，我是一个爱国主义者。我没有专业，国家的需要就是我的专业。

——钱伟长

从事科研是科学家的真正生命，放弃了科研工作，科学家的生命也就终止了。

——钱伟长

2010 年 7 月 30 日上午 6 时，钱伟长在上海过世，享年 98 岁。他是物理学家，也是应用数学家，中国近代力学、应用数学的奠基人之一。他是著名的国学大师钱穆（1895—1990）的侄子，"伟长"这个名字就是钱穆取的。在科研上，钱伟长涉猎广泛，而且都有收获，就像"万金油"一样的人物，于是有人戏称他为"万能科学家"，他对中文计算机的开发也有贡献。

上海大学宝山校区师生 2010 年 7 月 30 日晚间
校园内自发哀悼钱伟长校长

清贫出身

1912 年 10 月 9 日钱伟长出生在江苏无锡县的七房桥。

钱伟长的祖先是五代吴越武肃王钱镠的后裔。远祖由浙江迁居而来，他的十九世祖曾是巨富之家，拥有啸傲泾两岸良田十万亩。生七子，在啸傲泾上分建七宅，于是命此地为七房桥。

可是由于每房人丁的不同，有些依然富贵，有些就变得赤贫。钱伟长的祖父是晚清的秀才，做私塾先生，40 岁就去世。父亲钱声一(1889—1928)和叔叔钱宾四(钱穆的字，1895—1990)是靠去钱家的义庄领取粮米生活，艰苦求学，后来在家乡的小学教书。

钱伟长说："父亲 39 岁中年早逝……全家遭到极大的困难，遗有一弟二妹，三个月后，母亲又生下了遗腹七妹，一家六口，无隔日之粮，父亲又无积蓄，除一柜中国书外别无长物。幸有父叔老师华倩朔先生慷慨允诺住进黄石弄华宅余房，免租十年；并得七房桥族人出面交涉，由钱氏怀海义庄长年捐供救济粮，孤寡免于饥饿。四叔除每月供给母亲六元家用补助外，并全力资助我上完高中。这样使我一生中度过了第一个生活难关。"

13 岁时，钱伟长来到了无锡，先后在荣巷公益学校、县立初中、国学专修学校读书。16 岁那年父亲病逝，他和叔父钱穆正在苏州读书，之后就一直跟随着叔父生活。钱伟长的母亲王秀珍是一个勤劳节俭的妇女，除操持家务外，还养蚕、挑花、糊火柴盒贴补家用。

钱伟长旧居

钱伟长的叔叔钱穆

钱伟长在 80 岁回忆以前在乡村的生活时说："我幼年就深知生活贫困的艰辛，在进大学之前从来没有穿过一件新衣服，穿的都是叔父们小时穿旧了并经过母亲改裁以后的旧衣，腰部都是折叠着缝起来的。随着年龄逐渐放长，时间长了别处都褪了色，腰部就像围了一条深色的腰带。布鞋布袜都要补了又补，有的补到五六层之多，穿起来很不舒服，夏天干脆赤脚。"

"为了糊口生活，争着帮助祖母、母亲和婶母采桑养蚕、挑花刺绣、拾田螺、捞螺蛳、捉田鸡，挑金花菜、马兰头、荠菜等田岸边上的各种野菜，放鸭子、摸小鱼小虾，湖边挑灯捉蟹、泥中拾蚌等各种能添补家用或助餐的活计。"

清华唯一低于标杆刻度的新生

"幼年由于生活贫困，农村中卫生条件又很差，曾患过肠胃寄生虫病、疟疾、痢疾、肺病、伤寒等多种疾病。在缺乏医药的条件下，我终究还是活了下来，不过留下了一个发育不良的瘦弱体格。"

"当我 19 岁进入大学时，身高只有 1.49 米，马约翰教授亲自为我们进行体格检查，测量身高的标杆最低刻度在 1.50 米。我是全班最矮的一个，在刻度以外。马老喊着说'Out of scale'（刻度之外）。后来马老告诉我，我是清华大学多少年来唯一的一位标杆刻度以下的新生。"

正是由于童年生活的困苦，养成了他坚忍不拔、同情农民、敢为群黎疾苦吹与鼓的精神。

钱伟长的中学教育

中国以前有句话说"裁缝的孩子没新衣穿"。钱伟长的父亲是教师，可是钱伟长却没有钱上学，只能偷偷地跟着父亲或叔父在哪个小学里上课就挤进去。如果父亲换学校，他也跟着换学校，所以常三天两头换学校，没有很好地念书。主要原因是当时小学教师的职位不稳定，父亲和叔父从来不拍校长的马屁，看不顺眼还提意见，结果要常卷被子离职。

初中二年级他念了 6 个月，停了 4 个月。后来他的叔父钱穆当苏州中学语文教研组主任，他就去考苏州中学。钱伟长在苏州高中的三年，深受一批名师——其中包括钱穆、语言学家吕叔湘、音乐教育家杨荫浏等的影响。

在进入苏州中学的前 11 年小学和初中时期，由于军阀战乱连连，钱伟长经常停学逃难，或失学在家，真正上学的时间不到

高中时期钱伟长学生照

5 年。国文、历史更是在家自学，看《史记》，读二十四史。但数学是一塌糊涂的：没有学过四则问题，平面几何只学一学期，立体几何和三角从来没学过，解析几何、大代数也是一知半解。由于没有上过初中，他不知道物理，外语也没学过。他没有小学和初中的文凭。

念文科的料

叔父叫他考大学。钱伟长在《八十自述》中说："苏州高中毕业时，立刻遇到了人生道路上又一个难关，升学呢还是就业。一方面家庭经济十分困难，亟需就业养家……幸有上海天厨味精厂创办人吴蕴初先生决定在全国设立清寒奖学金，公开以考试选拔补助家境清寒的高中毕业生上大学，我决心一试，竟然录取。"

钱考了 5 所大学，他回忆道："中学毕业后，我在 1931 年 6 月一个月内，在上海连考了清华大学、交通大学、中央大学、武汉大学和浙江大学五个大学的考试，无非是想多考几个大学多些录取机会，但是喜出望外居然都考取了。那时大学试题不统一，也不分科录取，我以文史等学科补足了理科的不足，幸得进入大学，闯过了第一关。"

他的历史和语文不是 100 就是 99 分，可是其他的则是 20 分、30 分甚至 0 分，6 门课成绩加起来也能考取。

那年清华的语文考题是《梦游清华园记》。钱伟长从没到过北京，更遑论游清华园。年轻气盛富有想象力的钱伟长没有包袱，大胆想象，花了 45 分钟，洋洋洒洒写就一篇 450 字的赋。命题的老师想

钱伟长考进时的清华大学

改，一个字也改不了，只能给钱伟长满分——100分。朱自清和闻一多看中他，认为他会念中文系，四叔钱穆看到后则批评他，说你年轻不要那么张扬，告诫他别太气盛。

那年的历史题目是陈寅恪出的，要考生写出二十四史的名字、作者、多少卷、注释人是谁。这样一个怪题，好多人考了0分，钱伟长又答题如流，稳稳地考了满分。陈寅恪以为他会念历史系。可是，钱伟长其余四门课——数学、物理、化学和英文，却总共考了25分。其中物理只考了15分，英文从没有学过，考0分。

1931年9月10日，他得到"清寒奖学金"资助，进清华大学，第一个星期是选系，他选了中文系。朱自清很高兴，把他召到家里，一问才知道他是钱穆的侄子，叙说他们家学渊源。可是进入中文系的第二天，这一天正是1931年的9月18日，日本发动了震惊中外的"九一八事变"，不久即侵占东北三省。

当时全国青年学生义愤填膺，纷纷罢课游行，要求抗日，钱伟长也拍案而起说："我不读中文系了，我要学造飞机大炮，决定要转学物理系以振兴中国的军力。"他觉得读文不能救国，一夜之间想改系转念物理，要科学救国将来造坦克。第二天钱伟长就去找物理系主任吴有训教授说要念物理。

物理系难念，许多人被淘汰，只剩三分之一。吴有训查看他入学考试的成绩，见到物理才考15分，中文考得这么好，建议他仍进中文系。吴有训怎么也不肯收，说学文也可以救国，但钱伟长执着地立在那里不走。

那年清华的物理系因为"九一八"而变得十分热门，新生中竟有五分之一的人想进物理系，但该系的名额只有十名。钱伟长并不知难而退。

以前读书的方法不行

同学建议钱伟长一到吴有训办公时就去跟他说要进物理系。"我天天这样,跑了一个礼拜,他办公都没法儿办。他因为 8 点钟去上课,我 6 点 3 刻就到了。"吴有训走到哪里,钱伟长也跟到哪里,缠了一个星期,吴有训没法子,就说:"你的热情我同情,你的成绩太差,我可以同意你学,可是你不能后悔。有个条件,第一年的大学普通物理、微积分、普通化学,三门课都要过 70 分。"

钱伟长就赶快硬补中学的物理、化学、数学,最初他用学语文的方法,什么都背,元素周期表、公式全背。背了两个月,得了神经衰弱,每次考得都很糟。清华大学每门课每星期有 15 分钟的小考,结果他考得一塌糊涂。物理上了七个星期,测验都不及格。

同学看他这么用功,又考得这么糟,非常同情他,对他说:"你不能这样学,死背是没有用的。你得弄懂它,不要背,懂了就行了,懂得了是不会忘的,你不懂的背下,不用三天就忘了。"

他才知道以前读书的方法不行。

钱伟长在清华拼搏

钱伟长由于读中学的时候,物理、化学从来没有弄懂过,数学是七零八碎的没有系统地学过,代数符号都搞不清,英文又没学过。因此为了能留在物理系,达到科学救国之目的,他决定再难也要迎头赶上。

例如学微积分,中间有代数运算,有不明白的地方就问同学,他也找了几本中学教科书,把中学教科书念完了、弄懂了。

在这一年，他一天顶多睡 5 个小时，他早晨 6 点起来，晚上学校宿舍是 10 点熄灯，由于宿舍厕所的灯是通宵开的，他就跑到厕所里看书，一直到 12 点才回去睡。

他自以为了不起，是读书最用功的一个学生。结果有一天早晨 6 点起来，走到一个他常去的地方，那有一个露天的长板凳，忽然看见一个人老远的一摇一摆地走来，这人是谁呢？

他就是华罗庚！华罗庚跟钱伟长同一年进清华，当清华数学系的文书，专门管发讲义、收卷子、管杂务的教务员。

华罗庚只有小学程度，没有念过中学。他靠自学，利用空余时间去旁听微积分，和钱伟长上同样的课。钱伟长发现华罗庚比他还用功，华罗庚每天 3 点就起床，当钱伟长 6 点钟起床时，华罗庚已经念完了 3 个钟点的书在散步了。

17 岁的华罗庚与到英国研究时风华正茂的华罗庚

华罗庚这种拼搏的精神深深激励了钱伟长。当钱伟长大四的时候，华罗庚大学的课全听完了，而钱伟长很多课是不听的。

华罗庚比钱伟长花在读书上的时间多，因为钱伟长到了二三年级的时候，受了马约翰教授的影响喜欢运动。而一到考试，总开运动会，他变得更分心了。

而华罗庚却由于小时候得过病，一条腿不太好使，于是不分心，一天到晚钻研数学，成为一个大数学家。

钱伟长时常以这个故事勉励年轻的一代，不要以为自己数学不行就放弃，世上没有什么东西一辈子学不会，只要肯下决心，都能学好，可是得改进自己的学习方法。

钱伟长顽强学习一年后数理课程都超过了 70 分，从此，就迈进了自然科学的大门。那时清华物理系有吴有训、叶企孙、萨本栋、赵忠尧、周培源、任之恭等多名讲课精彩的知名教授；系里又经常有研讨会，还时有欧美著名学者（诸如玻尔、狄拉克、郎之万等）来校访问演讲，让他们有缘与大师交流，洞悉了物理学最前沿的景观。在吴有训、叶企孙等恩师的鼓励下，钱伟长还选学了材料力学、工程热力学、近世数学、化学分析诸学科，聆听了控制论泰斗维纳在电机系的演讲和空气动力学权威冯·卡门（T. von Kármán）在航空系的短期讲学；选学了熊庆来的高等分析，杨武之（杨振宁的父亲）的近世代数，黄子卿的物理化学和萨本栋的有机化学。作为一名物理系的学生，钱伟长在数学、物理、化学诸领域都建立起较宽广的基础，为日后科研奠定了良好的基础。

当时和钱伟长一起而改学物理的学生共有 5 名，但是最后只有钱伟长一人坚持到毕业。毕业时，他成为物理系中成绩最好的学生。钱伟长在《八十自述》中说："这是我一辈子中一个重要的抉择。和我同样得允试读的有 5 人之多。在一年后，经过了艰苦努力，克服很多困难，终于达到合格，和物理系的 10 名同学一起升入二年级，毕业时只剩 8 人。"

马约翰改变他的体质

钱伟长由于年幼体弱多病，营养不良、身体衰弱，进入清华时，他是全校最矮小的，连篮球都丢不到球筐。

在一年级时，他被同学拉去凑数参加一年一度的年级越野比赛。他平时既无训练，也不知道越野赛有多远，而且第一次在体育竞赛场上亮相，只能忍受困苦，尽力往前跑，坚持到底，得到了不算太差的成绩。

马约翰看中了他那像骡子似的蛮劲儿，选他入大学的越野代表队。之后，每天下午4点半到6点锻炼时间，风雨无阻亲自指导他运动。

他后来居然能跑能跳，400米中栏能跑57～58秒，万米能跑35～36分。在田径队，他曾和张光世、张龄佳、方纲等参加过北京五大学运动会和全国运动会；在越野队，他和张光世、罗庆隆、孙以玮、刘庆林被称为清华五虎将。

他原先的先天不足、后天失调的病弱体格，在清华6年期间（本科4年和研究院2年）大大改善，毕业时身高1.65米。在就读的第二学年，入选清华越野代表队，两年后更以13秒4的成绩夺得全国大学生对抗赛跨栏季军。曾代表国家队参加远东运动会，跨栏、越野跑样样拿手，还是清华足球队的球星呢。

他的体育训练的习惯一直维持到40岁左右，到了60岁时，在教研组内跑万米还是跑在前面。

他曾说："缅怀往事，在清华大学体育馆前大操场上，不论冬夏，马约翰教授总是穿一套白衬衫灯笼裤，打着黑领结，神采奕奕，严肃而慈祥地指导着各项活动。他声音洪亮地向我们呼喊着：'Boys of victory!'这情景已隔半个多世纪，犹宛然如昨蕴藏在我心中。"

"马约翰老师不仅使我得到身体健康和体力精力的锻炼，更重要的是使我得到耐力冲刺、夺取胜利的意志的锻炼。这对我一生在工作上能闯过不幸的困苦年代，能承受压力克服种种艰辛，而不失争取胜利的信心的斗志奠定了有力的基础。"

"学校体育很重要。好处之一是自身健康，另外运动也可以培养人，培养人的分析能力、决策能力。运动场上情况瞬息万变，要

马约翰教授(左)和学生

应付环境,就要有分析、决策的本事。运动是培养人的体力,增强体魄,激发拼搏争先的斗志,形成合作的团队精神的最好形式。"

90岁时,钱伟长依然"规定"自己每天要步行3 000步。

钱伟长的学习方法

钱伟长对靠死记硬背得高分的现象很反感,他在清华工学院校庆时对学生演讲说:

"在你们这些大学生里头,有许多是高分考进大学的。可是进校以后,我们发现他们当中不少人是高分低能。什么叫高分低能呢?

因为在中学时靠背书过日子,到了大学以后,他的学习必然感到很困难,因为大学的书太厚了,背不下来了,他们觉得不适应大学的学习生活。

所以我说,孔夫子那句话'学而不思则罔'还是非常重要的,有现实意义的。

我们发现,现在很多大学里都有这样的一种情况,学生到了二年级时,神经衰弱症就出来了,睡不着觉。我听说各个学校都有那么一批学生神经衰弱。这些是上大学后,仍然采用中学时代习惯的死记硬背的学习方法而产生的结果。"

钱伟长对这些学生介绍他的读书方法。他说他小时候是很会背书的,读四书五经,背了许多老书。他说他初中时有一位国文老师,眼睛瞎了,讲课不用书,当都能背,他还带着学生朗诵,由于习惯这样的教法,钱伟长也是靠背,"学而不思"。

到了高中,就头痛了,数学背不下来,数学成绩很差,学物理背公式也没用,做习题还是不会,这时体会到"学而不思则罔"。

有一位年纪大的朋友告诉他,中学物理只有 13 个公式,每个公式有 3 个变数,2 个已知数,求第三个未知数,不是乘就是除。

于是他把公式背熟,做题时就按不是乘就是除去套,可是因为他不理解,搞不清楚该乘哪一个该除哪一个。

上清华大学时钱伟长碰到吴有训教授教普通物理,这课一年要上 120 堂课,吴教授把大学物理分成 100 多个问题,每一堂课集中讲一个问题。

例如讲什么是质量,吴教授先讲质量这个概念,从前人们是怎么认识,后来怎么认识,为什么会产生质量这个概念;接着又讲为什么质量不是重量,它和重量又有什么关系;再进一步讲人们如何根据伽利略的实验,证明了质量是一个独立存在的东西,然后进入牛顿三大定律,最后再讲现在质量怎么量,它在国民经济中占怎样的地位,用什么单位等。

吴有训讲课时,提到许多教科书都没有的材料,书上有定义,但他却讲得很少。一堂课上再加上几个实验表演,讲完后,他说去看几本书,这本是第几页到第几页,那一本是第几页到第几页。还有很多东西他根本不讲,要学生自己看,看完了照样要考。

吴有训是要学生学会思考而不是死记硬背。开始时钱伟长不习惯这样的教法,后来慢慢改变,影响了他以后研究的方法。

钱伟长开始上大学时,上课记笔记,下课看笔记,考试背笔记,可是效果不好。他就向一位学习好的同学请教怎么记笔记。

这位同学告诉他,上课时不要忙着记笔记,要坐在那里仔细听老师讲,老师问什么问题,你就动什么脑筋,真正听懂了你就记,听不懂就不要忙着记。他就照样模仿,可是后来觉得还是不行。

他再跑去问这同学,这同学告诉他还有一条,上次没告诉他。每次不要下课就跑,要先好好想一想,这堂课老师讲些什么? 他有几层意思? 每层意思的中心思想是什么? 用几分钟的时间去思考一下,巩固一堂课的内容。

如果觉得还不够,晚上把课堂上听的和下课后想的,写出一个摘要,大概一堂课不超过一页。他就用这两个阶段记笔记的方法,发现效果不错。

可是钱伟长的一个同学叫林家翘,他记笔记的方法更好,他的课堂笔记要整理两次。除了每天晚上整理一次,写出一个摘要外,每个月后,他还要重新整理一次,把其中的废话删掉,把所有的内容综合起来,整理出一个阶段的学习成果。

每学期结束时,一门课的笔记经过综合整理后,只有大约 18 页的薄薄一本,温习时,边看边回忆边思考。因此林家翘把老师和别人的东西,经过自己的消化思考,变成自己的东西,他的成绩总是名列前茅。林家翘后来成为美国麻省理工学院教授及美国科学院的院士。

获庚子赔款奖学金留学

1935 年钱伟长考取清华大学研究院,获高梦旦奖学金,跟随导师吴有训做光谱分析。他曾参加"一二·九"运动和中华民族解放先锋队。1937 年北平沦陷后钱伟长在天津耀华中学任教近一年,1939 年赴昆明在西南联合大学讲授热力学。1939 年 8 月 1日,他和孔祥瑛结婚。新婚三星期之后,他和林家翘、段学复、傅承义、郭永怀、张龙翔等九位西南联大学生考取了第七届留英公费生。

当时力学只录取一名，可是钱伟长和林家翘、郭永怀三人考分总分却是一样，于是破例三人同时录取。郭永怀是沉默寡言的空气动力学奇才，后来是中国的"两弹"元勋。

"两弹"元勋郭永怀

他们本来是准备当年9月2日到达香港，却由于第二次世界大战爆发，所有去英国的客轮全部征作军用，他们只好返回昆明，等候另外出发的日子。

回到昆明，钱伟长从王竹溪教授那借到一本拉夫著的《弹力学的数学理论》，知道当时国际的弹性板壳理论非常混乱，不仅板壳分开，而且各种形状的板壳都有不同的方案。于是他决定研究一种统一的、以三维弹性力学为基础的内禀理论。

他利用高斯坐标的张量表达的微分几何来表示变形和应力分量，居然成功获得新的统一内禀理论。

中英庚款会在12月底又通知这批留英学生，在1940年1月底去上海集合，通过海运转加拿大留学。

这一批22人留学生上船后，惊异地发现护照上有日本签证，允许他们在横滨停三天并上岸游玩参观。同学们认为当时日本帝国主义已蚕食中国半壁河山，不能接受侵略者的签证，于是全体同学携行李下船登陆，宁可不留学也不能接受这种民族的屈辱。

他们第二次放弃留学，英国代表对这批学生的爱国举动跳脚蛮骂，他们依然坚持民族尊严返回昆明。

直到1940年8月初他们第三次接到通知，再到上海集中乘船去加拿大。这次坐"俄国皇后号"邮轮赴加拿大。他们总算顺利横渡太平洋，28天之后到达温哥华，然后乘火车转到多伦多。

他们去多伦多大学读研究生,钱伟长、林家翘、郭永怀同读应用数学系,钱学弹性力学,而后二人学的是流体力学。

获名师指导,莺啼初唱

钱伟长的指导教授是辛祺(J. Lsynge),他原来是英国皇家学会会员,是英国有名的应用数学家。

钱伟长年轻时

1939 年第二次世界大战爆发,1940 年夏起,德军大规模空袭伦敦,许多市民疏散到乡间,而辛祺教授却转移到加拿大,他在多伦多大学创建了北美第一个应用数学系。

在系里有著名的教授像爱因斯坦的大弟子英费尔德(L. Infeld),英费尔德写了《物理学的演化》以及伽罗瓦的传记小说《上帝所钟爱的》(*Whom the God love*),还有像温斯坦(A. F. Weinstein)以及史蒂文森(A. F. Stevenson),他们都是德国格丁根学派的传人。格丁根学派受希尔伯特(D. Hilbert)的影响,是应用数学的倡导者,他们都有很深的数学根底,并有更好的对物理过程的理解。

钱伟长和辛祺教授第一次面谈时,发现他们都研究相同的板壳问题。钱伟长在《八十自述》里写道："记得 1940 年冬，我第二次见导师辛祺教授，我详细汇报了我在昆明研究的弹性板壳内禀理论。

首先我说明选用以板壳中面为基础的高斯坐标，他立刻就指出宏观理论也用同样的坐标，并指出正确选用坐标系，是解决实际问题的重要基础。

我说明我应用了在变形中各点坐标不变的拖带坐标系（comoving coordinates），但变形前坐标框架的基本张量和变形后坐标框架的基本张量不相等，其差值的一半定义为应变张量。

他认为这是一个创造性的观点，在应变不大的条件下，这个定义和经典定义相等，他认为这是典型应用数学思想指导下的创造。

当我介绍不论变形前和变形后的基本张量的黎曼曲率张量必须等于零，因为它们都代表实质的平坦空间，所以也就是代表变形协调条件，他拍案叫绝。

他说：'你的博士论文的主要内容已经完成，不必介绍了。去详细完成具体计算任务吧！你已经是一个合格的应用数学家，你已经懂得重视物理观念的深化认识，同时也懂运用现代的数学工具简洁地描绘物理观念的认识。'

辛祺教授第一次见面就高兴地决定要在一个月中用我们已得的结果，分两段写成一篇论文，送交美国加州理工大学航空系主任冯·卡门教授 60 岁的祝寿论文集。

这个论文集在 1941 年夏季刊出。论文集中共刊出了 24 篇论文，作者都是第二次大战时集合在北美的一批知名学者，如爱因斯坦、老赖斯纳（Hans Reissner，麻省理工学院弹性力学教授）、冯·诺伊曼（von Neumann，电子计算机发明者）、铁摩辛柯（S. Timoshenko，板壳弹性力学教授）、库朗（R. Courant，应用数学权威）等，我是唯一的青年学生，而且是中国的青年学生。"

钱伟长用 50 天时间完成论文《弹性板壳的内禀理论》，发表于冯·卡门的 60 岁祝寿文集内。"这篇论文是第一篇有关板壳的内禀论,几十年深受国际上的重视。从此,我提高了自信心,敢于向一些疑难的问题进行冲击。"

钱伟长这篇文章发表以后,很受弹性力学、应用数学以及纯数学界的重视。爱因斯坦看后,感叹:"这位中国青年解决了困扰我多年的问题。"此文奠定了钱伟长在美国科学界的地位。

1982 年,美国的加拉格尔(R. H. Gallagher)教授在上海提到:"钱教授关于板壳统一内禀理论,曾经是美国应用力学界研究生在 40—50 年代必读的材料,他的贡献对以后的工作很有影响。"

荷兰工程力学教授哈里·鲁登(Harry S. Rutten)在他的名著《以渐近近似为基础板壳的理论和设计》中推崇这论文:"辛祺

多伦多大学博士照
(1942 年夏)

和钱的工作,继承了 19 世纪早期柯西(A. Cauchy)和泊松(S. D. Poisson)的工作,在西方文献中重新注入了新的生命力。"

博士毕业后钱伟长在 1943—1946 年与钱学森、林家翘、郭永怀一起,于美国加州理工学院和喷射推进研究所,随冯·卡门教授做航空航天领域的研究。他参加火箭和导弹实验,并发表了世界上第一篇关于奇异摄动的理论,被国际上公认为该领域的奠基人。

钱伟长在美国白沙试验基地考察德国火箭 V2(1943 年秋)

当时是二战期间，钱伟长正在这个研究所从事火箭、导弹的设计试制工作，而伦敦正在遭受德国 V1、V2 火箭威胁的时候，丘吉尔向美国请求援助。美国空军立即将此任务交给冯·卡门。他推荐钱学森负责理论工作。钱学森又与钱伟长、林家翘商讨。后二人对 V2 火箭的弹道和弹着点分析后发现，V2 火箭的大部分都击中伦敦东部地区，那里离欧洲大陆（V2 火箭发射地）最近。V2 火箭的最远射程为 200 英里（约 300 公里），正好是欧洲大陆最西部至伦敦东区的距离。

普朗特、钱学森与冯·卡门（从左到右）

据此，钱伟长提出：只要在伦敦的市中心地面造成多次被击中的假象，以此蒙蔽德军，使之仍按原射程组织攻击，以牺牲局部的办法来保全大部分伦敦市区，伦敦城内就可避免遭受火箭弹的伤害，英国接受了这一建议。几年后，丘吉尔在他的回忆录中谈及此事时，曾不胜感激地赞赏道："美国青年真厉害。"可他直到最后也不知道，与德军玩了这个把戏的人并不是美国青年，而是中国青年——钱伟长、林家翘！美国给钱伟长的年薪 8 万美元，这工资据披露比当年的美国总统还高 5 000 美元。

回归祖国

妻子孔祥瑛毕业于国立清华大学文学院国文系，钱伟长在美国的事业如日中天的时候，从国内传来了中国取得抗日胜利的消息。1946 年钱伟长以探亲为名回到祖国："我 1946 年回来，我是想回国，培养更好的学生，我一个礼拜讲十几次课，谁也没上这么多课,一般教授一个礼拜上 6 堂课,我讲 17 堂课。我没有怨言。"

可是战后生活却很艰难,他说:"1945 年抗战胜利后,以久离家园、探亲为名,取得回国权利。1946 年 5 月从洛杉矶搭货轮返沪,8 月初从沪搭轮经秦皇岛回到阔别 8 年的北平清华园。抗战时清华沦为日军的后方医院,胜利后由国民党接管 3

钱伟长及夫人

个月,接收真是'劫'收。当我进入清华时,垃圾如山,一切建筑门窗全无,四壁皆空。我们师生几百人,在陈岱孙教授的领导下,清除垃圾,修理危房,装修门窗管道,补修课桌家具,日夜整理加工达 3 个月之久,才勉强复课。9 月,祥瑛自成都携儿子元凯来聚。自出国留学后,1940 年 9 月元凯在川出生,几年来一直由祥瑛教养成六七岁的小男孩,生活条件十分艰苦,这时才得团聚。

从 1946 年到 1949 年初北京解放为止,我任清华大学机械工程系教授,月薪开始为法币 14 万元,还不够买两个新的暖瓶,以后改为关金券、金圆券等,生活更困难,不得已只好在北京大学工学院和燕京大学工学院兼课,从 1946 年起至 1949 年止,'承包'了三校工学院的基础课应用力学和材料力学,还开设了高等材料力学,物理系的理论力学、振动、弹性力学基础、传热学、轴的回转等高年级的课程,几乎每学期都有很重的教学工作,每周授课 15 小时以上。那时的教学生活比中学教师略强一筹,但是,我同时还担任着清华学报理科报告的编委和清华工程学报的主编,以及中国物理学报的编委等,都要消耗不少审稿时间。我在这一段时间中,还进行了有关润滑理论、圆薄板大挠度理论、锥流和水轮机曲线导板的水流离角计算等科研工作,前后在国内发表了 8 篇科学论文。

这几年中，教学工作奇重，政治活动频繁，生活靠工资，物价一日数涨，入不敷出，1947 年夏起，有一部分工资以小米抵现款后，还能勉强保证了主食，但冬季长女开来出生，母乳不足，要订牛奶，买奶粉哺育，就毫无办法，只好向单身同事、老同学如彭桓武、黄敦、何水清等告贷度日。

1948 年 8 月，钱学森自美返国探亲，看到我的困境，告诉我美国加州理工大学喷射推进研究所工作开展较快，亟愿我回该所复职工作，携带全家去定居并给予优厚待遇，这样也可以解脱我的经济困境。我于是到美国领事馆申办手续。但在填写申请表时，在最后一行有'若中美交战时，你是否忠于美国?'我明确填写了'NO'，拒绝去美了事。

这一点是毫不犹豫的。我是忠于我的祖国的。"

五十年代

解放初期，他先后担任清华大学的副教务长和教务长。1956 年又被任命为清华大学副校长、科学院的数学研究所力学研究室

任清华大学副校长时留影(1956 年)

主任，力学研究所成立之后，他兼任副所长。

当时，钱伟长正参与外事活动。他记述道："1951 年底曾参加了丁西林率领的文化代表团，出访印度和缅甸各一个月。这是新中国成立后出访国外的第一个代表团，团员中有李一氓、郑振铎、陈翰笙、冯友兰、刘白羽、吴作人、季羡林、张骏祥、常书鸿、

周小燕等同志。访印前日由周总理亲自接见,详细叮嘱了访问中应注意事项,从清晨 2 点一直谈到 5 点。这是我生平第一次聆听周总理的教诲。迄今犹能回忆其和蔼的音容。在印度,总理尼赫鲁亲自接见 3 次,并由甘地夫人亲自陪同,访问了印度南北 7 个邦,会见了如诺贝尔物理学奖获得者拉曼教授和统计数学权威学者薄斯教授等许多知名学者;访缅时由吴努总理亲自陪同,访问了仰光、曼德勒等 8 个城市。连同经香港、新加坡前后长达三个半月,加强了中印、中缅的文化交流和人民之间的友谊,返国后成立了中印和中缅友好协会,我任中缅友协的会长。"

他解释为什么周总理说"三钱":"'三钱'是这样的,那是 1956 年的事情,那时候搞科学规划,上面有周总理指示,你搞的话要走群众路线,于是找很多教师来问,应该怎么规划。那时候我是清华的教务长,我当然不能不去。我的计划中只有 5 项是关于学科的,一个是原子能,一个是导弹、航天,一个是自动化,还有计算机和自动控制。这个提出来以后,这边老先生们都不同意,说我这数学、我的物理到哪儿去了?

我认为是国家需要什么搞什么,那么这样一来呢,跟他们吵啊,这边有 400 多人呢,在争论的时候,应该说压力也很大,因为他们也是各个学科领域的带头人,都有权。只有两个人支持我,他们都是刚回国的,一个是钱三强,他是搞原子弹的,他本身就需要这个东西,一个是钱学森,他是搞航天的。他们两个人帮我们谈判,吵了一年多了,最后周总理说,'三钱'说的是对的,我们国家需要这个:不能够就专业去谈论专业的发展,而要看整体的需要。"

在 1953 年,钱伟长参加起草新中国第一部宪法,1954 年成为全国人民代表大会第一届人民代表,又是中国科学院学部委员,兼科学院的学术秘书。

钱伟长的公务、学术行政和教育行政任务繁重,可是他仍坚持科研工作,还出版了几部科学论著。他当时是 40 岁的中年人,希

钱伟长在清华大学和教师们一起进行科学实验

望能有更充裕的时间，为国家的科学实验做出更多的贡献。可是许多科学工作却要在晚上9时之后，挑灯夜战从业余时间中挤出来。许多像他一样忙于社会活动的科学家都因为时间不够用而焦虑苦恼，因此他呼吁采取措施"保护科学家"，为他们创造工作和科研的必要条件。

1956年9月，参加比利时布鲁塞尔召开的第九届 IUTAM（理论和应用力学国际大会）会议
前排左起：周培源，冯·卡门，顾毓琇
后排左起三为钱伟长

钱伟长在《人民日报》上发表了《高等工业学校的培养目标问题》一文，对当时清华大学照搬苏联模式的教学思想提出了意见，认为苏联对有关基础课很不重视；并且提出要理工合校、重视基础

学科等意见。但是这些主张与清华园内外的时潮相背，并引发了一场历时 3 个月的大辩论。

随着"反右"运动的严重扩大化，钱伟长最终被错误地打成了"右派"，1957 年 6 月被停止了一切工作。唯一幸运的是，毛主席的一句话使他保留了教授资格。

钱伟长接待外宾

1957 年 6 月 9 日，《光明日报》上发表了中国民主同盟中央委员会"科学规划问题"临时研究组负责人曾昭抡、千家驹、华罗庚、童第周、钱伟长向国务院科学规划委员会提出的《对于有关我国科学体制问题的几点意见》：

"我国目前科学家很少，科学基础相当薄弱，要开展科学研究，争取 12 年内使我国最亟需的科学部门接近世界先进水平，必须'保护科学家'，就是采取具体措施保证科学家、特别是有一定成就的科学家有充分条件从事科学工作，扭转目前科学家脱离科学的偏向。首先要协助他们妥善地解决时间、设备、经费以及合理安排的使用问题，使他们真正能够坐下来，好好安心工作。"

他们建议：

（1）除少数例外，有领导能力的科学家，尽可能不担任行政工作，特别是60岁以上的老科学家，急须传授后辈，更应如此。

（2）保证每个科学家每年有一定的时间连续从事研究工作，希望政府考虑规定教授和研究员的休假及进修制度。

（3）除少数例外，科学家兼任人民代表、政协委员等职务的，一般只限担任一职，地方的不兼中央，中央的不兼地方。

（4）由于进行科学研究工作的需要，科学家对社会活动和行政工作可长期请假。

（5）招待外宾，非必要时不应作为科学家的任务。

对于培养新生力量的问题，他们觉得过去在升学升级选拔研究生留学生有片面地强调政治条件的偏向，他们希望应当业务与政治并重，人民内部在培养机会上应一视同仁，对于有培养前途的青年都应当平等地对待。

"反右"运动中，钱伟长被打成"右派"，停止一切工作，但受到优待在清华留下当教授，不过由一级降为三级。

钱伟长回忆说："我虽然已经不能接触到国家对科学工作的方向和具体课题，但通过广大群众和科技人员来函和登门来访，要求咨询，要求提供数据信息，要求工作协助时，无不欣然答应无偿地勉力从事，提供力所能及的各种技术援助，许多来访者也冲破了层层障碍，事先并不认识，事后成为终身益友。在交往中，深感广大人民和知识分子都在一心一意为国家的建设努力奋斗，在奋斗中他们仍把我看作是一个忠诚的战友，从这种'地下活动'中，努力自强不息，把科学工作的成果，通过种种渠道，奉献给人民。从1958年到1966年间，约有百多件这样的事例，迄今还历历在目，其中重要者有下列数端：曾代叶祖沛教授（原联合国冶金组专家顾问，曾任冶金部副部长，叶老不精中文）起草了加速推广转炉的建议书，并设计了高炉加压顶盖的机构和强度计算，为叶老在首钢试验作了理论准备；曾蒙李四光部长的亲顾寒舍恳切要求下，研究了测量地应力的初步设想措施，并推荐我的研究生潘立宙来从事这一研究，由李四光同志亲自把潘立宙同志调入他创建的地质力学研究所，开创了我国地应力测量的重要事业……为国防部门建设防爆结构、穿甲试验、潜艇龙骨计算提供了咨询，也推荐了人才；为人大会堂眺台边缘工字梁的稳定提出了以栏杆框架承担其增强作用的方案；为北京工人体育馆屋顶采用网格结构的设想，同时提出了计算方法；为北京火车站的球形方底屋顶的边框强度设计提供了计算方法；为架线工提出的关于山区电缆的下垂问题，以及风荷下电缆的长波跃动和互相干扰问题提供咨询；为架子工铆工提出的拉力扳手提供了设计数据；机床厂工程师发现了从民主德国引进的4种机床和说明书内容不符的问题来咨询，经过了4个月的往返现场试车，才发现技术说明书是旧型号的，引进的机床是隔了两代的新型号的，自动化水平和加工速度都较高，油路有较大改善，后来改写操作维护指示书，才得到了工人认可的妥善解决；还有关于试炮场、防护体结构、贮油罐顶盖结构计算、电厂冷却塔设计计算、波纹管和膨胀接头的设计计算、拉晶机设计计算等都曾提供过咨询讯息服务；也曾为电缆厂提供了我从未发表过的电缆强度计算方法及其公式，后来这些公式出现在电工手册上，但并未提及作者来源。"

从钱伟长被打成"右派"到1966的8年间，这位被困在清华园里的科学家为各方提供咨询、解决技术难题的事例有100多件。

1957至1976年，钱伟长不能发表任何论文，也不能出版专著。可是他仍从事飞机颤振、潜艇龙骨设计、化工管板设计、氧气顶吹的转炉炉盖设计、大型电机零件设计、高能电池、三角级数求和，以及变分原理中拉格朗日乘子法的研究。他在1962年写了一份应用数学讲义，原由科学出版社出版，在"反右"后停止出版，还要他贴"毁版费"，这书到了1993年才由安徽科学技术出版社出版。

钱伟长回忆道："感谢党中央给我摘掉了右派帽子，从1960年起，在校内从'极右分子'变成了'摘帽右派'，至少可以名正言顺地当一个'保留教授'了。但并没有正式的教学任务。冲开禁区是从校外邀请开始的，1960年秋，在北京地区冶金学界和金属学界邀请下，开设了'晶体弹性力学'，历时4个月。听讲者80人，写了30万字的讲义。1961年春，力学班要求开设'颤振理论'，讲了一学期，也写了讲义；接着北京航空界邀请讲专用于飞机结构的颤振理论，为此专门开设了'空气弹性力学'，讲了半年，共约100小时，写了约60万字的讲义，听讲者约300人。从此以后，还为力学班讲了工程流体力学，1962年至1963年间，还专开设了清华校内的教师（共10个人）培训班，讲了应用数学、微分方程的理论和解法、弹塑性力学基础等课程，都写有讲义。同时，还多次为动力系毕业班开设了汽轮机的强度设计理论基础，和为电机系毕业班开设了电机强度设计理论基础，以及为机械系开设的应用弹塑性力学等，每次都写了讲义。1960—1966年间，是我教授讲课的一个高潮，共约讲过12门教学计划以外的新课，总计写了约600万字的教材，也是我一辈子写教材写得最多的几年，其中应用数学、微分方程的理论及其解法，以及电机强度设计理论基础，业已在最近（1993）由安徽科学技术出版社和国防工业出版社公开出版。其余的也将陆续整理出版，因为这些讲义并不仅仅是已知材料的编辑综合，而且还包括着许多我当时的科研成果，这些有实用价值的成果，理应公之于众，献给有关的广大科学工作者。"

钱伟长在1957年被打成"右派"，那一年他44岁，自此走进长达20多年的人生低谷。

逆境中的坚持

钱伟长虽然还是"反动学术权威"，由于毛泽东的批示，得到了

"一批二用"的待遇。钱伟长这样讲述他的"地下教学""地下科研"及"地下咨询":"在史无前例的'文化大革命'中,经历了无法想象的困难……但即使在最艰难的时刻,靠着亲人们相互关怀,相濡以沫。同时我坚信这些现象都是暂时的,一个国家不可能这样长期混乱下去,总有一天要恢复建设,因此没有丧失信心,没有消极悲观。再则看到许多革命领导和建国元勋都受到非人的摧残折磨,对自己受到的苦痛,也就坦然处之不足为道了。只是春天盼秋天,今年盼明年,没有想到一直闹了十年之久。

时间长了以后,又渐渐开始了'地下'的科学工作,起初只是为了解答人们的询问,有时给工厂无偿翻译一些进口机器的说明书,在武斗最剧烈的时候,居然开始了三角级数求和的研究工作,这种工作无需参考资料,还可以断断续续做。在累积了一定数量的成果以后,就有计划地要写出一部有1万种'三角级数之和'的大表,到'文化大革命'结束时,居然完成了90%的工作量。总数累计业已超过1万种级数,涉及广泛的适用范围。"

1968年至1971年,已经55岁的钱伟长被下放到北京特种钢厂炼钢车间劳动,做炉前工。炉前工的工作很辛苦,抡的铁棒足有52公斤重,一般人是拿不起来的,钱伟长同样也拿不起来,但他发挥了自己懂力学的优势,把铁棒的一头放在一个和炉子一样高度的铁架子上,再去另一头把铁棒按下去,这样就拿起来了。工人们试了后都说好,于是就在10个炉子前都做了铁架子,钱伟长一时成了发明家。由于善于思考发明,被工人们称为"教授",并发明了当时北京最好的油压机。

钱伟长的研究一直不断。从1977至1990年,他还从事环壳理论、广义变分原理、有限元、中文信息处理、薄板大挠度、管板、断裂力学、加筋壳、穿甲力学、三角级数求和等方面的研究。

成为上海工业大学校长

1972年，由周恩来亲自点名，钱伟长参加科学家代表团访问英国、瑞典、加拿大和美国。当时很多人不相信钱伟长对祖国的忠诚，代表团团长表示不能保证他出国后不逃走，于是周恩来撤换了另一名团长，但新团长仍然不同意钱伟长出访，直到临行前一天的会议他都不知道此事。周恩来叫秘书派车去清华大学找钱伟长，这才知道他还在首都钢铁厂劳动。秘书又赶到首钢，带着来不及换下劳动服的钱伟长赶到会议现场。周恩来见状，叫来秘书换衣服给他，并把自己的鞋子给他穿，才得以出访。

1979年夏天，中共中央宣布被错划为"右派分子"的55名党外人士一律予以改正，并恢复名誉。

1980年10月，中国科学院通知他恢复为学部委员，可是他的"右派"改正问题迟迟拖延，阻挠达3年之久，直到1983年他就任上海工业大学校长。

钱伟长后来在他的《八十自述》一文中这么写："当日我即辞去任职达38年的清华教授，并且于翌日只身赴沪，向上海工业大学报到……重新获得了全心全意为党和国家的教育事业不懈奋斗的全新条件，从而开始了新起点。"丧失了26年珍贵的年华，他想再为国家尽一份力。

上海工业大学前身是1960年建立的上海工学院，原本是一所在上海很有影响力的市属重点大学，但由于"文革"冲击，学校的建设发展遭到严重破坏，变成破败的学校。在改革开放新时期，要重振上海工大，以适应上海经济建设和社会发展的需要，迫切需要一位德高望重、锐意创新的教育家担当起学校管理者的角色。在这个时候，邓小平想起了钱伟长。1983年邓小平亲自下调令，

钱伟长题"自强不息"作为上海工业大学校训

钱伟长调任至上海工业大学任校长一职,并写明此任命不受年龄限制。

钱伟长感激道:"1983 年,在小平同志亲自批示下,我调任上海工业大学,深切感受到党的关怀和信任。"从 72 岁到 98 岁,钱伟长用二十多年的晚年岁月,实现着自己一生的梦想——要把上海大学(上海工业大学后经与他校合并更名为上海大学)办成世界一流的研究性大学。

作为校长,他提出了拆掉四堵墙的办学方针,即拆掉学校与社会、校内各学科之间、教学和科研之间,以及教与学之间的墙。

他看到出于上海市改革开放的需要,必须开拓办学路子,适应经济建设和科学技术高速发展变化的需要,从而密切联系社会与工厂企业,并为他们服务。

他认为现代科学技术的生长点是跨学科的,或具有交叉学科的特点,因此必须逐步努力打通这些学科之间的人为界限,拓宽专业。他认为以前上海工业大学的专业太狭窄,综合性不够,工程教育的综合性尤其不够。他要求学校里每一个学科,都要把电子技术和计算机技术渗透到自己的学科发展中间去。

钱伟长建议科研要从小题目做起

第三堵墙是教育与科研的墙，他认为一个教师在大学里能否教好书，与他搞不搞科研关系很大。教师水平的提高，主要不是靠听课进修，而是靠做研究，边研究边学习，缺什么学什么，边干边学，这是主要方法。教师只要能进行科学研究，便能提高教学水平，他反对照本宣科的教书匠式的教学。

他说科研要从小题目做起，凡是对国家建设有利的题目都可以做，不要人为规定科研方向，多做科研，方向自然就形成了，科研题目多得很，科研做出成绩并不难，也不神秘，科研是培养教师的根本途径。

第四堵墙是教与学之间的墙。当今世界科学技术与文化学术飞速发展，人们的新知识很快老化过时，那种以为学生只有通过老师"教"才能"学"的传统教育思想，已不能满足当前高级教育的需要，从而应该逐步加以废除。

他说大学的宗旨就是要把一个需要教师教才能获得知识的人，培养成不需要教师却也能获取知识、即无师自通的人。如果学生毕业还是不教就不会，那就证明你办教育失败了。

因此他提出要改革传统的教学方法，培养学生成为有自学能力、在工作中能不断自学新知识、面对新环境能解决新问题的人。

他主张课堂上只讲这门课的核心精华部分，提纲挈领地把几个观点交代清楚就行了；知识性的东西不讲，让学生自己去看，然后点几个中心内容，问几个问题，介绍一些参考书，让学生课后自己深入地研究。他认为，最好不要照讲稿念，要培养学生的自学能力。

他曾在机械系的一个班上上普通物理课时,仅用三分之一的时间授课,其余的时间主要让学生在教师指导之下自学,使他们掌握学习的方法。这些学生提高了自学能力,期终考试取得了优于传统课堂教育的成绩。

他传授他的读论文经验:"我一般只看摘要。如果我发现有新见解,或者这个题目从来没有碰到过的,我就再看引论。引论告诉我们这个问题是从哪里来的,过去研究的过程怎样,看了之后对这个问题就大体有了一个轮廓,最后再看一下结论。当然,假如这个问题对我来说是全新的,那我当然要再看看方程式是什么,实验怎样安排。至于方程式是怎样求解的,只要不是用新方法,我就不看。假如看完引论、结论,觉得这个问题很重要,我就再看里面的东西。总之,一定要区别不同文章,根据自己的情况来决定如何阅读。"

"我一辈子就是这样,所以有人说我不务正业,今天干这个,明天又干那个。我说我是看国家哪方面需要我,我就力所能及地去干。我的基础好一点,有这个能力可以这样做。我可以临时开一个题目,保证3个月内就可以开展。我会查资料,看书也快,今天干完这个,明天就可转到另外一个题目去。我的题目很杂,什么都有,因此有人说我是'万能科学家'。其实不是万能,不过我会去学一类东西,我会看人家的东西,看懂了我自己能下结论,并在这个基础上再做下去。我懂得爬在人家肩膀上,我要永远爬在人家肩膀上。"

为了让学生能学好外语方便阅读外文书籍,钱伟长争取到香港星光传呼集团有限公司的董事长黄金富的支助,在校内设立

钱伟长阅读外文图书(1987年3月)

"星光电台"，每日播放 6.5 小时的英语节目，学生每人配有一副耳机，可以在早晨、中午、下午、晚上规定的时间收听，以训练听力，从而提高英语水平。在全国 CET 考试中，上海工业大学曾取得了较好的成绩。

1988 年，国家教育委员会主持的全国高等学校评估，给上海工业大学工作做了如下的评定："上海工业大学办校 29 周年，几经周折，直至党的十一届三中全会以后才真正走上较快发展与提高的道路。钱伟长校长高瞻远瞩地对学校的改革发展和提高，起了积极作用，在教学改革中，学科建设、教师队伍建设、开拓国际学术交流渠道等方面，做出了重要贡献。学校努力适应上海工业和经济发展的需要，培养输送高级专业人才，承担科研任务，选送科研成果，开展科技服务，办学指导思想是明确的。"

这是对他办学成绩的肯定。

为祖国的四个现代化而执言

"文革"结束后，可以说是迎来中国科学界的春天。钱伟长作为一个打不倒的老兵，又站起来为中国的科学发展方向发表真知灼见了。

"那种把学科与学科之间界限划得很严、各种专业分工过细、互不通气的孤立状态必须打破。长期以来，在我国形成的理工分家、文科和理工农各科分家的现象，业已明显地影响培养建设四化人才的质量，现在已经到了非改革不可的时候了。我们主张理工合一，文理渗透，反对现在国内中学就文理分家的现象。"

现收录在《钱伟长学术论著自选集》里的一篇《现代力学和四个现代化》，是他 1980 年 8 月 28 日在山西太原工学院的报告录音稿。他介绍了力学发展的历史以及 20 世纪新兴的理论的产生，并且全面介绍中国科学家在这方面的工作以及和外国先进国家相比的差距,这是一篇很值得重视的演讲稿。

在演讲中他提到熟悉的爆炸力学。他说:"第二次世界大战推动了爆炸问题的研究,形成了爆炸力学的基础,在大爆炸和定向爆破、爆炸成型机制、核爆炸试验和防护、聚能理论、爆轰理论、穿甲破甲理论、水下爆炸波和结构的相互作用等方面,都取得较好的成绩。

目前国外核武器已发展到中子弹水平,航空武器和常规武器不断更新,激光武器拉近实用阶段,激光点火实现可控制核反应可望于 80 年代中期成功,我国各种基本工程建设和农田水利建设规模宏大,国防现代化和工农业现代化对爆炸力学基础理论研究的需求异常迫切。

在这方面靠单纯搞引进,搞模仿,搞'画、加、打'(画图、加工、打靶)是不行的,只能得到少慢差费,永远落在别人后面的恶果。"

他指出,中国在解放前几乎没有什么力学研究可说,到了解放之后,1955 年和 1962 年两次制订全国科学技术发展规划,力学研究工作从无到有,发展极快,两弹试验成功就是明显的标志。

1972 年毛主席和周总理曾多次指示要抓自然科学基础理论研究,力学界曾准备制订 1973—1980 年力学学科科学发展规划的座谈会。可是却由于被干扰破坏而流产,这样耽误了整整 6 年,使中国与发达国家相比正缩小的差距,拉大到相差 15 年至 20 年之久。

在 1978 年专门召开了全国力学学科规划会议,订出了一个较好的规划。可是,由于国民经济和科学技术遭受破坏太大,百废待兴,客观上困难重重。由于国民经济和国防建设中急迫需要解决的具体力学问题多如牛毛,力学工作者的数量和质量都与此很不适应,力不从心,顾此失彼。国家科委和科学院领导对力学基础理论研究实际上不重视,没有认真采取有效措施去领导和规划,使得规划制订了两年，力学研究工作实际上依旧是各行其是的放任自流状态。

钱伟长指出有关领导这种因循苟且的态度，是否还要再等6年后，才认真腾出力量来抓这个和四个现代化成败攸关的力学学科规划？他对此提出批评。

关心青年思想

在1990年，他看到大学青年有一股"TDK"的歪风。"T"是念"托福"，"D"是"跳舞"，"K"是"谈恋爱"。在上海工业大学研究生奖学金授奖大会上，钱伟长就以《没有一个独立富强的国家，就没有个人的一切》为题，对大学生这么说：

"我们民族若没有那么一批人敢于把国家的责任挑起来，用全部精力来为国家和民族工作，我们这个民族就会永远被人欺压。你们中一些人是不会体验这点的。

现在出国的人很多，我不反对这点。但是你们应当首先考虑到，出国的目的不应是解决个人的问题，只有国家和民族的问题解决了，个人的问题才能真正得到解决，才能有个人的自由和个人的一切，国家的富强要经过几代人的共同努力奋斗，只有顶得住各种外部侵扰，才能有中华民族的振兴和我们的生存！

还有南美的玛雅人，历史上相当繁荣，文化很高，但在西班牙和葡萄牙的殖民统治下，也是人口减少，文化每况愈下，所以不要以为我们有十一亿人口垮不了，没那回事，若再糊涂下去，也非垮掉不可……

我们不能糊涂，必须认识到没有一个统一的、团结的、强大的国家，就没有一个民族真正生存的条件。若一个民族连一个独立生存的条件都没有，整个民族都是无国籍、没归宿的群体，你个人逃到何方？现在有不少人梦寐以求地想出国，为'TDK'而奋斗，只是这个追求而不设想报效祖国，那实在是可悲的。这恐怕谈不上有起码的人格和品格。

我们中国人应当有远大的理想和抱负，应当有高尚的思想去指导自己的工作和生活。当前国家有困难，困难怎么来的？一是怪我们不争气，再加上外国欺负我们，在国际大环境中不给我们平等条件。我们这辈人从小就知道有不平等条约，现在不常给你们提了，因为我们中国已经站起来了，这些不平等条约不起作用。但是人家还是要围困我们，把我们封锁了30年，我们现在主动打开国门，他们又搞了个'你开放我渗透'，我们有些人上了当。

我希望你们把眼前个人的问题放开点，把国家民族的大事放在首位，学习那些见义勇为的同志，学习今天受表扬受奖励同志的精神风貌，多为我们民族的未来和前途着想。

我们承认现在社会上还有很多不公平的事情，对此，我们不能光抱怨，我们都是社会的一分子，这个社会有问题，我们自己同样有责任。

所以要求大家共同努力，对自己的问题考虑的少一点，民族国家的前途问题多考虑些。这样，当你们到老年的时候，就不会像我们现在，挨下辈人的骂说'你们这些老头子怎么搞的？搞了那么多年，怎么把国家搞成这个样子！'到那时，你们就可以给自己下这样的结论：我是对得起自己的民族和国家的。"

在1991年10月，他在上海工业大学的学生大会上说："掌握武器，坚定方向，勇敢担历史任务。"他说："是你们要立下志愿为什么学。这问题一定要解决，不解决你们动力不够，这是责任感。你们有个任务——使国家脱离现在这种落后状态，这是你们的责任。"

"应该觉得自己不懂的东西很多很多，那你就是很有学问；你觉得什么东西都懂，你大概是没有学问的。我们要培养这种人，满肚子都是问题的人，这种人是我们国家需要的。培养博士生就是使一个没有问题的人变成有问题的人，也懂得力所能及来解决问题。"

汉字计算机输入的贡献

钱伟长说："我不是天才，我的学习是非常勤奋的，我发现很多东西我还不懂，有需要，我就学。你们不要相信天才论，关键是在于刻苦和努力。没有学不会的东西，问题在于你肯不肯学，敢不敢学。"

在20世纪80年代，钱伟长对电子计算机开始有兴趣。他在1991年10月11日在上海工业大学对学生讲话，讲述了他学电子计算机的经过：

"有人叫我'力学之父'……其实我没学过力学。因为需要，我就学。

'文化大革命'中，我被弄到钢铁厂，做车工。我的螺丝车出来很好，我很有操纵能力。

后来把我调出来，说要到美国去，五天之内离开国家，我连衣服都没有，借了一套穿。周总理让我研究一样东西，是环保，那时国内没有环保，我就去了。我为了国家把环保问题研究透彻，回来写了那样厚一本报告，根据这个，国家成立了环保局、环保研究所。"

在访问时，有位"计算机专家"对计算机一窍不通。"打着计算机专家的招牌。人家问他计算机问题，他什么也说不出来。假的！他也不会外文，人家考他，他没办法，让我当他的翻译。"

"到后来我就不跟他翻了，我和他一起看，慢慢懂得了，人家问问题，我用自己的话回答，我假装翻译，实际上是说我的话。我这样学了计算机。我没学过计算机,见也没见过。我是个右派,不让我接触计算机,那是保密的。你看我改行多厉害。"

1980 年,钱伟长率团参加了在香港举行的国际中文计算机会议,在参加 IBM、王安公司和联邦德国的计算机公司的产品时,有人轻蔑地说:"你们干这个太困难了,不如采用他们的大键盘中文计算机来得容易。"

IBM 的中文计算机,用大的键盘,一个盘容纳 1 920 个汉字,常用字放在一块板上,是日本人设计的,次常用字放在第二块板上。

王安把 IBM 的中文计算机简化,简化到偏旁和部首有 100 个,也是一块板。一个字总是几部分组成,每个部分点一下字就出现了,他叫三角码方法。

这些公司要钱伟长买他们的产品,钱伟长当时认为中文计算机是关系 10 亿人口的前途,中国肯定能搞出来。他对这些人说:"你们这个是落后的,那么大的键盘,我们受不了。中文计算机将由中国人自己搞,我们自己将做出世界上最实用的、最优化的中文计算机来。我们走我们自己的道路,两年后我再和你们见面。"

钱伟长学计算机时已是 64 岁的人,在 1981 年 6 月中国成立中文信息研究会,他当选为理事长。他一头埋进发展中国计算机的事业。

由于深厚的物理学基础和汉文化根底,钱伟长在 1985 年提出了宏观字形编码法(俗称钱码),曾获得 1985 年上海科技发明奖,在 1986 年北京的全国编码比赛中获得了甲等奖。

钱码以高速易学闻名于世,并为 IBM 机所采用。

汉字的创造和发展,至少有 4 000 多年,数目有 4 万多,一般人只用 8 000 多个字。汉字是由能够表达形、声、义等多种信息的字形部件组成的,平时人们往往是近似地、捕风捉影地捉字形部件特征来读音辨义。

钱伟长发现汉字可以宏观识别，无须字字笔画明察，可以望文生义，读书看报，可以一目十行。于是他以汉字的宏观字形部件编码，把 151 种基本部件按形状相似、相近归类，定义在 39 个键位上。

例如，他把"甚、耳、且、目、自、白、臼、具、见、夏"等部件编为一码，便于联想，记忆量少，易学易用。

当代李冰活用知识的例子

钱伟长从事科学理论工作，有人批判他是理论脱离实际，一张纸一支笔，不解决实际生产上的问题。

事实上，他利用专业知识解决了至少两桩对民生大计有影响的事。

第一，黄河出口移动问题——"黄河之水天上来，奔流到海不复回"，可是黄河的出口不稳定，老是移动。移动的原因是有冰凌，冰凌破堤冲开缺口，黄河出口就不稳定了。

钱伟长认为给流水很好的畅道，它就完全稳定，不给出路，一堵，它就不稳定。黄河口外有 50 千米长的澜门沙，冲开孔可以开去一直到渤海。不能堵，要疏。

结果 10 多年黄河没有发生过冰凌破堤，黄河出口就稳定了。现在在那儿搞了个万吨码头。有 500 万亩土地，以前由于黄河出口不稳定，没人要。现在变成棉花和粮食生产基地。

第二，解决福建马尾码头的积沙问题——1975 年福建在马尾开港建了 4 个泊位。

闽江水是黄的，含泥沙，这是由于上游森林作业砍伐太多，使得水土流失。码头花了 6 亿人民币建好，只用了一个月，沙积离码头只有 1 米深，船靠不上。

1981 年钱伟长去实地察看，发现码头有很好的新设备，可是却 6 年没有人用，太可惜了。问那里的人为什么不用挖泥船挖沙呢？他们说有人从上海租了挖泥船，挖了一个月，花掉 800 万元。可是挖好后很快被沙淹没，不挖了。

钱伟长与夫人（1993 年）

为什么在那里建码头呢？说是"文革"期间军代表决定在那里建，军代表走了，找不到了，谁也不负责。

有人说那个地方是港湾，对岸是急流，对岸冲刷得很干净。如果能在对岸再修码头，只要把堤岸保护起来。可是这样的码头一建要花 9 亿元，省里没钱，没法办。

钱伟长记得《汉书》有古代人民的"束水冲沙"的方法。他"古为今用"，提议：从对岸筑一条卵石堤岸到江里，江宽 800 米，堤长 400 米。漏水也不要紧，石头扔下去筑堤，堤高从水面算起要有半米。

用小船把闽江上游的山石运来扔下去，挡住一部分江水，让北岸的水流量增加。沙一下就低到 11 米深，立刻能通航。

结果全部工程只花了 90 万元，现在马尾是福建的主要码头，万吨级的码头有 4 个。

在云南，他建议恢复汉朝的通商路线，把滇西变成我国云贵川地区与缅甸、印度、孟加拉国、老挝、泰国、越南之间的商业要道，并建议开发矿产以繁荣西南边陲。

他认为，新疆地区气候干燥，沙漠化的根本原因在于缺雨水；而少雨的原因在于天山山脉挡住了南方来的暖湿气流。若能在天山山脉找到薄弱环节，采用大当量的定向爆破技术，打开一个缺口，把暖湿气流放进来，就可以从根本上改变那里的自然环境。

由于乡镇企业的发展，江苏省沙洲（现名张家港）从沙滩上的棚户区迅速变成繁荣的江南集镇。为了摆脱贫穷和落后，农民办起了大学。钱伟长作为沙洲职业工学院的名誉校长，经常到校指导、支持和鼓励，深受师生爱戴。从 1977 年以后，他不辞辛劳，走遍中国的穷乡僻壤，作了几百次的讲座和报告，提倡科学的教育，宣传现代化，以富民强国开谋策划。他是"当代的李冰"，人们不会忘记他为中国的富强做出的贡献。

2007 年 5 月 14 日，95 岁高龄的钱伟长与母校的儿童少年在一起

钱学森曾这么评价钱伟长："我在美国这么多年，也算在科学上有成就了，成名了，但是回到中国以后，当时的知识分子都要参加学习，学了马克思主义、辩证唯物主义，发现我多年自己摸索出来的一套方法，实际上就是辩证唯物主义的方法。我在跟钱伟长先生接触的过程中，同样感觉他是真正相信辩证唯物主义的，决不是当口号来说的。"

力学所建所初期，他率先垂范，亲自在 seminar 上做报告。后来，他一有机会就来听 seminar 报告。力学所组织的 ICNM（国际非线性力学会议）和 MMM 系列会议（现代数学和力学会议），钱伟长总是尽可能参加，而且在 1998 年之前，他总是非常认真地听各种学术报告。

"我没有休闲生活,不抽烟、不喝酒、不锻炼,不胡思乱想,所以我身体健康。工作就是我强身健体的秘诀,脑筋用得越多身体越好。我睡眠时间不长,但睡眠效率很高。工作其实就是最好的休息。"这是他的养生之道。

钱伟长的学术贡献

曾长期在钱伟长身边工作的清华大学谢志成教授在 2010 年 7 月 30 日回忆:"钱老是非常聪明、非常勤奋、知识面非常广的一个人,也特别热心帮助年轻人。"谢志成称,钱老非常喜欢和别人讨论,他很有耐心、很平等地参与讨论,年轻人和他怎么激烈争论都无所谓,而且很高兴,不管年轻人有多少问题提出来,钱老也都没有不耐烦。

美国应用数学家、物理学家、天文学家林家翘,当在美国得知钱伟长教授去世的消息后,表示非常痛心,回忆起与钱老的接触。林教授说:"我和钱老的渊源算是比较深了,在清华大学上学期间,他比我高两班。1939 年,我们又一起考取了庚子赔款留英公费生。因为第二次世界大战突然爆发,船运中断,改派加拿大,当时我们在多伦多,由同一个导师带我们一起共同学习。"谈到钱伟长生前的故事,林教授使用最频的形容词就是"勤奋"。"他是一个非常勤奋的人,不管是在学术研究上还是在学生运动中,钱伟长都会积极地参与到其中来。"

谈到钱伟长教授生前的贡献和学术地位,林教授更是感慨颇深。他说:"钱老的专长非常出色地运用到了建筑方面,很多圆顶的大型建筑正是延续了钱教授的理论基础,建筑材料得到了很多的节省。在应用数学这个领域,可以说钱伟长为国家做出了巨大的贡献。"

林家翘（左图是他在清华大学作演讲）

"钱伟长对整个学校，甚至整个国家的前途一直有一个很好的了解，他所具有的超前的眼光和观念可以非常出色地指引后辈前行。钱老很聪明，很努力，很认真。他为我们国家做出了非常杰出的贡献。"

钱伟长长期从事力学研究，在板壳问题、广义变分原理、环壳解析解和汉字宏观字型编码等方面做出了突出的贡献。1941年他提出"板壳内禀理论"，其中的非线性微分方程组被称为"钱伟长方程"（用系统摄动法处理非线性方程，这种解法称为"钱伟长法"）；1954年提出"圆薄板大挠度理论"，获1956年国家自然科学奖二等奖；1979年完成的"广义变分原理的研究"，获1982年国家自然科学奖二等奖。曾被授予波兰科学院院士，加拿大拉尔逊多科大学荣誉教授。1986年被选为加拿大多伦多莱尔逊学院院士。1988年获澳门东亚大学荣誉博士称号。1997年9月23日获何梁何利基

钱伟长获得科学院荣誉章

金科学与技术成就奖。

　　钱伟长共发表论文 100 余篇，其中包括《应用数学与力学论文集》等，共 300 余万字；还担任 5 种国际学术刊物的编委和一些国内学术刊物的顾问。曾创办《应用数学和力学》刊物，采用中英文两种文字，在国内外发行。著有《变分法及有限元》《广义变分原理》《穿甲力学》，合著有《弹性力学》等。

5 中国数学东传日本

中国和日本的交往历史悠久。最早《史记·秦始皇本纪》提到在公元前 219 年，齐地有一个叫徐福（也作徐市）的方士和名医，在秦始皇东游琅琊时（今山东藏马）"上书，言海中有三神山，名曰蓬莱、方丈、瀛洲，仙人居之。请得齐戒，与童男女求之，于是遣徐福发童男女数千人，入海求仙人"。

公元 604 年，日本开始采用中国历法，持续时间近 1 100 年。

在这之前的公元 554 年，朝鲜专讲解《易经》的所谓易博士王良道、王保孙，把中国历法传入日本，当时是何承天的《元嘉历》。

下面列出中国历法在日本使用的情况表。

历法名称	制订年代	作 者	在日本始行年	使用年数
元嘉历	443 年	何承天	604 年	88
麟德历	665 年	李淳风	692 年	66
大衍历	728 年	僧一行	693 年	94
五纪历	762 年	郭献之	858 年	4
宣明历	822 年	徐 昂	962 年	823

这种使用中国历法的情况一直延续到 1792 年日本人山路德风奉天皇之命按《崇祯历书》试编日本历。

从隋代起,日本就派人来中国。在公元 607 年,日本派了小野妹子为使者率团至隋,提出与中国开展各方面交往的愿望。以后不断遣使来华,大量引入中国物品与文化,又广聘中国文人学士、工匠艺人赴日传授知识技术。

到了公元 618 年,中国建立李唐王朝。在 630 年日本派出首批使节,加强中日在文化、经济、政治的联系。

公元 645 年,日本孝德天皇即位,首建君主年号,是为"大化",进行"大化革新",要使日本全盘唐化。土地制模仿唐朝的均田制,税收制实行租庸调法;国家行政则为中央集权,衣冠之物也以中国为典范。

从公元 630 年至 894 年的 264 年间,日本先后派出 19 批使臣访华。而到中国旅行、经商的日本人更不计其数。

在 710 年,《千字文》《论语》《尔雅》《齐民要术》等中国典籍传入日本。

在 717 年,阿倍仲麻吕和吉备真备等遣唐留学生随着有 557 人的遣唐使者来到长安。阿倍仲麻吕来华改名为晁衡(也写作朝衡),毕业后留在长安当一个校刊整理经史子集的小官。而吉备真备在中国学习天文、算学、音乐及书道 18 年,在 735 年回日本讲述以上的内容,听者达四百多人。

吉备真备在讲习中使用的书有:《大衍历议》《九章算经》《周髀算经》《定天论》《史记·天官书》《汉书·天文志》和《晋书·天文志》。真备带回日本的书有《唐礼》130 卷、《大衍历经》1 卷、《大衍历立成》12 卷、《乐书要录》10 卷以及测影铁尺、铜律管等观测及实验器具。

日本宫廷模仿唐朝制度也设立算学博士、算学学校,招收算学学生。在 7 世纪末宫廷学校算学生达 40 人,数学在日本兴旺发展——称为"和算"(Wasan)。大约在 6 世纪中叶,中国的数学书经朝鲜最初传入日本。其时，传入的数学书是《孙子算经》《海岛算经》《周髀算经》《九章算术》等。这些数学书对当时的日本人来说似乎难以理解，这从这些书籍传入日本后大约一千年间没有出版一本出自日本人之手的数学书可以知道。

公元757年，天皇命令天文生要学《史记·天官书》《汉书·天文志》《晋书·天文志》《三色星经薄赞》《韩物天文要集》等；对于历算生要求学《汉书·律历志》《晋书·律历志》《大衍历议》《九章算经》《周髀算经》《定天论》等。

《算经九章》

我们现在看到在公元707—713年间的日本《令义解》有讲到日本学数学的情况："凡算经：孙子、五曹、九章、海岛、六章、缀术、三开、重差、周髀、九司各为一经。学生二分其经，以为之业。凡算学生，辨明术理，然后为通，试九全通为甲，通六为乙，若落九章，虽通六犹为不第，其试缀术、六章者，准前缀术六条，六章三条。（若以九章与缀术，及六章与海岛等六经，愿受试者亦同，合听也）试九全通为甲，通六为乙。若落经者（六章总不通者也）虽通六犹为不第。"

日本人认为"室町时代"有许多日本人来中国做生意，从中国带回算盘，以及和算盘相关的数学知识。这是第二次数学文化输入，这时候在日本，数学学习的风气很盛。

日本的"算圣"

公元1642年，这一年伽利略过世，牛顿诞生。在日本诞生了一个被称为"日本数学之父"的大师——关孝和。他是武士内山永明的次子，本名叫内山孝和，后来过继给姓关的人当养子，所以改名关孝和(Seki Kowa)。

关孝和

日本江户时代，由中国传入日本的几本数学书，其中对日本影响很大的是：宋朝的《宋杨辉算法》和元朝朱世杰的《算学启蒙》以及明朝程大位的《算法统宗》。

朱世杰的《算学启蒙》，内容有四则运算、开方法以及应用"天元术"来解决代数问题。这书传到日本之后，住在京都的泽口一之(Sawaguchi)以《算学启蒙》为蓝本，写了一本日文的《古今算法记》，里面附题150题，还有15题没有答案的题目，这15题当时几乎没有人能算得出来。

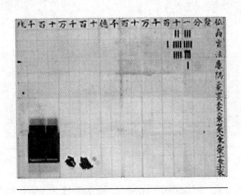

日本古代用算筹算

关孝和潜心研读《古今算法记》，把这15个难题全解决，并把算法和答案写在他1674年的书《发微算法》中。在书中他舍弃了用算筹算"天元术"的麻烦算法，而改用笔算，产生可以在纸上解题的"天元术"。用笔算代替筹算，运用方便，使日本代数加速发展。

他的书影响许多人学习数学，在 1683 年他的弟子整理他的遗稿，出版《括要算法》，是用汉文写的。

程大位像

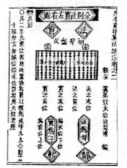

程大位的《算法统宗》是珠算巨著，东传至日本等地，使中国算盘和珠算走向世界

程大位与《算法统宗》

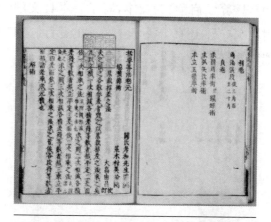

关孝和的《括要算法》

三上义夫(Y. Mikami)称关孝和为"日本的牛顿"，事实上是不为过，他比莱布尼茨早提出行列式的概念和算法。他研究正多边形边长、外接圆半径以及内切圆半径的关系，并且研究圆周和弧长的算法。

在《括要算法》贞卷《求圆周率术》中关孝和用汉文写道："假如有圆，满径一尺，则问圆周率若干。"这一问题，他分两步做：

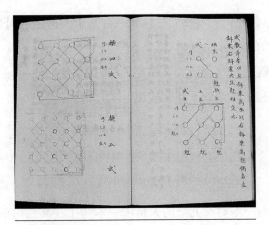

关孝和的行列式算法

（1）用割圆术计算直径为 1 的周长，称为定周。

（2）运用"零约术"得径一百一十三，周三百五十五。

当他从圆内接 $2^{17}=131\,072$ 边形周长，算出 π 比 3.141 592 653 59 小一点之后，他写道："周率三、径率一为初，以周率为实，以径率为法，实如法而一，得数，少于定周者，周率四、径率一，多于定周者，周率三、径率一，各累加之，其数列于后。"

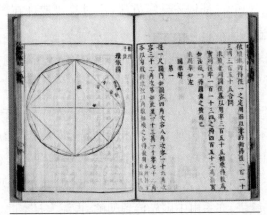

《括要算法》贞卷《求圆周率术》

关孝和在《括要算法》亨卷研究 $ax \equiv 1 \pmod b$ 的解。他提出这样的问题："今有以左一十九累加之得数，以右二十七累减之，剩一，问左总数几何？答曰：左总数一百九十。"这是解同余式 $19x \equiv 1(\mathrm{mod}\ 27)$ 的问题。

他的解题程序和清朝黄宗宪的"寄数求法"是一样的。

关孝和还讨论如下同余式组：

$$\begin{cases} 35x \equiv 35(\mathrm{mod}\ 42) \\ 44x \equiv 28(\mathrm{mod}\ 32) \\ 45x \equiv 35(\mathrm{mod}\ 50) \end{cases}$$

他的剩一术对秦九韶的大衍求一术作了浅易明白的解释。关孝和影响许多人去学数学，不愧为日本的"算圣"。

珠算东传日本

相传明末日本毛利重能到中国学数学，把《算法统宗》带回去，他所著的《割算书》(1622)和他的门徒吉田光由(1598—1672)所著的《尘劫记》(1627)都记述珠算方法，不过算盘或许在《算法统宗》之前就已流入日本。

据中国算学史家李俨先生《从中国数学史上看中朝文化交流》一文中说："中国自宋、辽、金、元到明太祖之立国，朝鲜自王氏高丽王朝，到李氏之代王而设立朝鲜王朝，四百年来中朝两国上下和好相处……宋、元、明各代对于国外采购书籍，以及往返通商，都有限制，而对朝鲜则特例外……《九章算法》《算学启蒙》及《杨辉算书》三书，是宋、元、明时传入朝鲜，朝鲜加以复刻，并用以课士……即旧刻《算法统宗》亦系由中国先传到朝鲜、再流入日本的。"

明代传入日本的算书，除通过朝鲜传入的外，安徽的商人往日本通商时也可能传入。又福建的泉州宋代时即为中外通商的口岸，外国商人群居于此。我国书籍，尤其福州印行的如《盘珠算法》

和《数学通轨》等书,经由泉州出口的机会较多。

以上传入的珠算书中影响日本珠算发展的,是《数学通轨》和《算法统宗》两部书,其中尤以《算法统宗》的翻刻流传最广。

日本数学史学会名誉会长大矢真一先生在浏览《五山文学全集》和《五山文学新集》二书时,发现 13 世纪从中国去日本的僧人,以及由日本来中国的禅宗僧侣的诗文中,有"走珠盘"、"走盘珠"和"珠走盘"的用语。

1. 一毛禅师的《禅居集·隆藏重游岳》:

一毛类上光明藏,百亿毛头珠走盘。

七十二峰靴袋里,归来抖擞与人看。

2. 雪村友梅禅师的《嵯峨集·丹通》:

机前透出走盘珠,棱角犹存在半途。

欲议普门真境界,无力无得亦无无。

《嵯峨集·无碍》:

大人行处著盘珠,影迹何曾略有物。

一拨盘中珠车出,清光洞照刹尘区。

雪村友梅禅师(1290—1346)是日本人,18 岁到中国游学,1329 年回国。《嵯峨集》是他在中国作的诗集。

3. 此山妙在禅师的《若木集·维那游方》:

百千分作一文珠,迦叶如何槟得渴。

脚前脚后通话路,全机却似走盘珠。

此山妙在禅师(1296—1377),日本人,壮年游学中国。《若木集》是他在中国撰写的。

4. 无象和尚的《无象和尚语录·示慧约上座》:

无量法门,悉皆根实中出。根本根宝,转物归己,处了心,

纵横出没,全非外物,如珠走盘,如盘走珠,无顷刻落处。

无象和尚是日本人,1252 年到中国。

以上中日和尚多数是宋末元初人,所著诗文用"珠走盘"、"走

盘珠"等词汇，可作为中国南宋已有算盘的旁证。从日本的算盘图可以看到他们对高次方程系数的称法和秦九韶所用几乎一样。

中国的数学书再度传到日本，则晚至17世纪初，其中给予日本数学影响颇大的要算是朱世杰的《算学启蒙》（1296）和程大位的《算法统宗》（1592）两书了。后者是珠算教科书。最初读此书学习算盘技术（1610年左右）的是毛利重能。据说毛利曾到中国，携该书和算盘回日本。毛利在京都开设垫馆，培育了众多门徒，但是他不是照搬中国的东西，而是为了便于速算，把算珠改为扁平的锤形，又使五个算珠合拢，因为日本人手指灵活计算的速度加快了。日本后来将中国算盘改进，把算盘称作"索罗板"（Soroban），算珠由圆形改成菱形（从侧面看），梁上两珠变一珠（见下图）。现在中国东北、台湾所使用的算盘就是这一种，比关内算盘小得多，狭而长（常见的有7厘米×38厘米），档数多至27（见下图）。

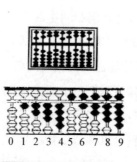
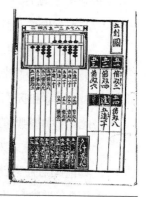

日本大算盘　　日本改良中国算盘

20世纪20年代以来，日本珠算蒸蒸日上，出版的珠算书和珠算教学法著作，水平不断提高。中国教育界和珠算界对此逐渐引起注意，开始有选择地加以引进。

民国时期，由于小学中不重视珠算，对珠算的教材和教学方法不加研究，教学方法落后，所以教学的效果欠佳。1940年商务印书馆出版宋文藻根据日本东京府青山师范学校教谕冈田藤十郎所著《能力中心珠算教授法》编成的《小学珠算科教材和教法》一书。

因此,形成了中国的算盘反而在本土不受重视,只认为是商贾的工具,没有像在日本那样受重视被人加以钻研。

近代日本数学的发展

从明代开始,中国经西方传教士如利玛窦、南怀仁等传播学到一点西方科学知识,中国从西方学来的算学书籍《历算全书》《割圆八线之表》(三角函数表)在 1726 年传到日本,日本人加以翻译,据此为蓝本,写成《八线表谚解》,对学习西方算学有一定好处。

康熙皇帝喜欢数学,他在 1705 年召见了清朝第一历算家梅文鼎,亲自问数学,后来还召梅文鼎的孙子梅毂成入宫,教导他数学。到了晚年建议编纂一部融合中国和西欧数理科学的书,因此何国宗、梅毂成二人奉命编纂了《数理精蕴》《历象考成》及《律吕精义》等三部书,总称为《律历渊源》,其中《数理精蕴》和《历象考成》两部书对日本的数学和天文历法影响甚大。

清朝末年中国数学家李善兰和英国教士伟烈亚力(Alexandre Wylie,1815—1887)先后翻译了《几何原本》后九卷、《代数学》及《代微积拾级》,他们的译作很快传入日本。1862 年日本高杉晋作来上海买了一批数学书回国,在 1872 年《代数学》就在日本翻刻出版,同年日本人福田半著了《代微积拾级译解》,当时日本人要学微积分就要用伟烈亚力和李善兰的译作。

如果你现在翻看日本的数学书,会发现许多名词仍是引用中国的译名,如:“数学”、“代数”、“几何”、“微分”、“积分”、“方程”、“函数”、“对数”、“椭圆”、“抛物线”等,可见他们受中国数学的影响。

19 世纪中叶，日本政府采取了开放政策，西方数学大量传入。

日本的中国科技史专家薮内清在 1989 年 5 月于"日本学术振兴会"的例会演讲"西欧科学与明末"提到：

"中、日两相比较，在日本，耶稣会士之活动主要是在实行闭关锁国政策前约 90 年左右，而且不似中国由政府大力推行翻译工作，仅以长崎为中心，由民间人士引进南蛮外科及南蛮天文学。实行闭关锁国政策后，西欧科学知识的来源就依靠唐船输入的中国汉译科学书。

这种情形维持了很久，如天文历法一直持续到 18 世纪末期，大阪民间天文学者麻田刚立一派研究《历象考成》前后编即是一显例。

但另一方面，在江户，由于吉宗将军鼓励学习荷兰语，终使杉田玄白等人译就《解体新书》，造成荷兰学兴盛。在此之前，长崎之通词等人已经翻译天文学，对于荷兰书解读实早于江户。《解体新书》刊行期间，荷兰通词本木良永在荷兰译天文书中介绍地动说，受到民间学者关心。司马江汉及山片蟠桃等人更大力推广介绍，从而使西欧科学不止医学，包括天文学之优秀性亦被确信认同，这种倾向到幕末时代更甚，终于引发明治维新的西欧化。

在日本，执政者虽亦关心西欧科学，但其输入与研究却以民间为主，与中国全然不同。

在中国处于封建专制社会时……不仅中国传统文化的研究，就是西欧科学的引进亦掌握在皇帝及学者官僚的手中。虽然这些人有深厚的科学素质，但并不是专门研究者，因此只能读传教士的汉译科学书自我满足，而终究无法理解西欧科学之进步。"

薮内清的讲话是有些道理。

日本在幕府末期为加强国防，开始引进近代科技，重视西方数学的系统教育，机构多设在官方创办的培养翻译和海军的学校内，如东京蕃书调所（开成所）和长崎、静冈县的海军传习所和沼津兵学校。他们应用了晚清汉译西方数学著作作为教材。明治十二年(1879)的一本数学杂志中说：西方数学方法传入日本距今又二十余年，旧幕府海军成立之时，便已开设算术课程。然当时以教授航海技术为主，还未进行数学研究，所以未著数学书。当时以中国出版的《算学启蒙》为入门教程，并翻译荷兰书为补。柳河春三的《洋算用法》为学习洋算奠定了基础，其次是神田孝平写成的《数学教授本》，为维新之后破除旧习，盛行学术风尚作了贡献。

汉译西方数学著作传日的幕末明治初年，正值日本社会发生变革的时期，日本知识界渴望了解西方新知识，而大多数日本知识分子又能阅读和理解汉文书籍，因而汉译西方科学书籍就成了日本知识分子学习和吸收西方科学的一条捷径。汉译西方科学书籍就通过中国赴日的贸易商船，以及赴华考察的日本人士搜购等各种途径传入日本。

日本维新之启示

从 1840 年鸦片战争到 1911 年辛亥革命，是中国历史上的近代时期。这一时期，西方列强用坚船利炮打开了中国的大门。中国人在落后挨打的痛苦经历中，开始睁眼看世界，向西方学习，翻译西方著作，西学东渐，蔚为大观，从而出现了中国翻译史上的又一次高潮。鸦片战争后，西洋数学著作第二次输入中国，从 19 世纪 50 年代开始，介绍西洋数学的中文译本不断出版，西方近代数学被介绍到中国。这些汉译西方数学著作（包括西方人用中文写的数学著作）不仅对中国近代数学的发展起了重要作用，而且部分著作东传日本，对日本吸收西方近代数学产生了深远影响。

1840 年鸦片战争使得晚清的政权遭到威胁，一些人认为中国是"敝絮塞漏舟，腐木支大厦，稍一倾覆，遂不可知"，而"东西各国日益强盛，中土一无足恃"。

洋务派的李鸿章曾认为"我中土非无聪明才力"，可是士大夫却沉迷于章句帖括，造成虚妄无实，缺乏求富国图强的人，而保守的人士却轻视科学技术。

另一位洋务派人士张之洞当湖广总督期间，开设了两湖书院、自强学堂、武备学堂，希望能"中学为体，西学为用"，他写的《劝学篇》说："二十四篇之义，括之以五知：一知耻，耻不如日本，耻不如土耳其，耻不如暹罗，耻不如古巴；二知惧，惧为印度，惧为越南、缅甸、朝鲜，惧为埃及，惧为波兰；三知变，不变其习，不能变法，不变其法，不能变器；四知要，中学考古非要，致用为要，西学亦有别，西艺非要，西政为要；五知本，在海外不忘国，见异俗不忘亲，多智巧不忘圣。"

张之洞在 1901 年派罗振玉率团到日本去考察教育，希望能"见事实，问通人，创立稿本"作为教育改革的参考。

日本在 1868 年明治维新，第三年天皇颁布敕令"废止和算，专习洋算"，下令学校不再教源自中国的传统古学"和算"，一律改为"西方数学"。

1877 年日本成立东京数学会，东京大学设立理学部，1879 年设立学士院（相当于科学院）。到了 1894 年的甲午战争之后，中国的数学已落在日本后面。

清朝的愚民政策造成了恶果，一位有识之士徐勤在他的《中国除害议》中说："亡吾中国者必自愚民矣……愚民之术，莫若令之不学，而惟在上者之操纵，不学而愚之术，莫若使之不通物理，不通掌故，不通古今，不知时务……"

而梁启超也指出："兵而不士，故去岁之役，水师军船九十六艘，如无一船；榆关防守兵几三百营，如无一兵……今以有约之国十有六，依西人例，每国命一使。今之周知四国、娴于辞令、能任使才者，几何人矣？欧美澳洲、日印缅越、南洋诸岛，其有中国人民侨寓之地，不下四百所。今之熟悉商务、明察土宜、才任领事者，几何人矣？”

严复也认为：“今夫中国，非无兵也，患在无将帅。中国将帅，皆奴才也，患在不学而无术……即如行军必先知地，知地必资图绘，图绘必审测量，如是，则所谓三角、几何、推步诸学，不从事焉不可矣。”他也告诫说，因仇恨敌人而不学其先进的科学技术是不对的。他以日本为例，日本尽管仇恨西洋人，但仍极其刻苦地学习西学，结果不到三十年即崛起于东瀛。

在鸦片战争时，林则徐也提过“师夷长技以制夷”，却被人攻击为“糜费”。他主张翻译西方书籍，了解敌情，却被指为“多事”。到了 1866 年京师同文馆添设天文算学馆学习西算，也遭到大学士倭仁的反对，说：“古今未闻有恃术数（即算学）而能起衰振弱者也。”难怪日本数学会后来蒸蒸日上，而中国数学却相对落后了！

6 从巴比伦的记数法说到商殷的天干地支

我们一提到 60 进制，就会想到一小时有 60 分、一分有 60 秒、一度有 60 分这种 60 进位制。

最早创造 60 进位制的是"巴比伦人"。

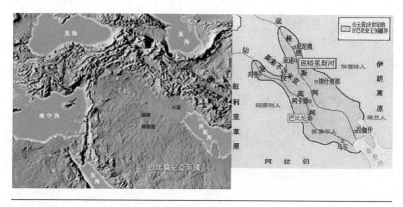

巴比伦国

"巴比伦人"这个名词包括好些同时或先后居住在底格里斯河（Tigris）和幼发拉底河（Euphrates）之间及其流域的一些民族，从 6 000 年前的苏美尔人（Sumerians），至 4 000 年前的阿卡得人（Akkadians）到 2 700 年前的亚述人（Assyrians）。

古代曾经非常强盛的巴比伦国，它的国王曾建立空中花园

到 2 600 年前这一地区（称为美索不达米亚）被迦勒底人（Chaldeans）和米提亚人（Medes）所割据，到 2 400 年前被波斯人征服，一直到公元前 64 年被罗马人统治，前后三千多年的历史，虽然占主导地位的民族多次更迭，但这里的人们始终使用楔形文字。

楔形文字

巴比伦的数学

对巴比伦文明和数学的了解，无论如何，都来自泥版书。根据

19世纪考古学家所发掘出的泥版书，有约300块是关于纯数学内容的。

　　在4 000多年前阿卡得人用一种断面呈三角形的笔斜刻泥版，在版上按不同方向刻出楔形刻痕，因此这种文字就叫楔形文字（见上页图）。泥版在太阳下晒干（或用火烘）可以长期存留。"楔形文字"的英文cuneiform就是从拉丁文cuneus而来，而cuneus的原义就是"楔"或"尖劈"的意思。

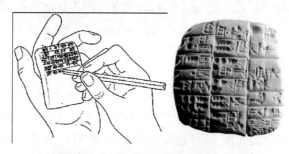

刻泥版

　　巴比伦人发展程度最高的算术是阿卡得人的算术。

　　人们是怎么知道巴比伦人的记数法呢？

　　考古学家在一块长$3\frac{1}{8}$英寸、宽2英寸、厚3/4英寸的泥版上发现了巴比伦人的记数法，是60进位制。巴比伦人只用两种符号来表现他们的60进位制数字系统。

楔形数字

这泥版的中间从上到下有像下面的符号：

可以看出它们是代表 1，2，3，4，5，6，7，8，9，10，11，12 和 13。

这泥版书受到盐和灰尘的侵蚀，有些地方还剥落，但可以看到 泥版书的右边前五行形如：

很明显,这应该代表 10,20,30,40,50。

可是接下来却是这样的符号:

如果我们用现代的符号表示是这样:

1　1,10　1,20(缺掉三个)2　2,10

很自然地考古学家猜测照上面 10,20,30,40,50 的次序应该是代表 60,70,80,(缺掉 90,100,110)120 和 130。

是否那个代表 1 的符号也代表 60 呢? 如果是的话,那么(1,10)就代表 60+10 = 70。而(1,20)是代表 60+20 = 80。那个两个 1 并列的符号(我们写作 2 了)就代表 60+60 = 120 了。很明显(2,10)是代表 120+10 = 130。

这样的猜测是很合理,事实上大约在公元前 1800 年—公元前 1600 年间,巴比伦人已使用以 60 为基数(base)的数字系统。

对小于 60 的整数,使用 1(𒁹)和 10(𒌋)两种记号来表示。

因此要写 25 就表示为 $2 \times 10 + 5$,用下面符号表示:

对于大过 60 的数,就用位置记数法。

$$1,57,46,40 = 424000$$

$$(1\ 57\ 46\ 40)_{60} = 1 \times 60^3 + 57 \times 60^2 + 46 \times 60 + 40 = (424\,000)_{10}$$

另外一块在 1854 年从森开莱发掘出的属于公元前 1700 年汉谟拉比王(Hammurabi)统治时期的泥版书,上面记着一串数字,前 7 个是 1,4,9,16,25,36,49,…,后面中断。人们看到这数列是:

$$1^2, 2^2, 3^2, 4^2, 5^2, 6^2, 7^2$$

因而猜测后来的数该是 8^2, 9^2, 10^2, $\cdots$, 一直到 58^2。

在泥版上这些数表示为 $(1，4)$, $(1，21)$, $\cdots$, $(2，24)$, 直到最后是 $(58，1)$, 用 60 进位制来看就是:

$$(1\ 4)_{60} = 1 \times 60 + 4 = 64 = 8^2$$

$$(1\ 21)_{60} = 1 \times 60 + 21 = 81 = 9^2$$

$$\cdots\cdots$$

$$(2\ 24)_{60} = 2 \times 60 + 24 = 144 = 12^2$$

$$\cdots\cdots$$

$$(58\ 1)_{60} = 58 \times 60 + 1 = 3\,481 = 59^2$$

起初巴比伦人没有用什么记号来表示某一位上没有数字,因此他们写的数意义是不定的。

例如 ⯗ ⯗⯗ 可以理解为 $60 + 20 = 80$ 或者 $60 \times 60 + 20 = 3\,620$。这主要取决于头一个符号是表示 60 还是 $3\,600$。由于他们没有用零的符号,往往用空出一些地方来表明那一位上没有数字,这很容易引起误解。

在 $2\,200$ 年前亚历山大大帝征服美索不达米亚之后,巴比伦人才采用 ⯗ 来表示“零”。

因此像 ⯗ ⯗ ⯗ 代表 $(1，0，1)_{60}$ 就是:

$$1 \times 60^2 + 1 = 3\,601$$

但即使在这段时期也还未采用一个记号来表明最右端的一位上没有数字,如同我们今日所记的 20 那样。在这时期,人们得靠文件的内容,才能定出整个数的确切数值。

巴比伦人为什么用 60 进制

我们应该问的问题是为什么巴比伦人用 60 进位制。最简单的回答是，他们继承了苏美尔人的60进位制。但是没人接受这样的回答，它只会导致我们要问，为什么苏美尔人使用60进位制。第一点，我们可以相当肯定的是60进制起源于苏美尔人。第二点是，现代数学家不是第一次提出这样的问题。在公元4世纪亚历山大城的席恩（Theon）试图回答这个问题：60的约数有1，2，3，4，5，6，10，12，15，20，30，约数的个数最大化。虽然这是事实，但作为原因则显得过于学术化。

许多数学史家提供意见，一些理论根据天文事件：60是一年的月份数12与大行星（水星，金星，火星，木星，土星）的个数5的乘积，这理由似乎牵强。德国数学史学家莫里茨·康托尔（Moritz Cantor）认为一年有360天可以作为选择基数60的一个原因。同样这想法没有说服力，因为苏美尔人肯定知道一年的时间超过360天。

有些观点是基于几何。例如，一个说法是等边三角形被苏美尔人认为是基本的几何积木。等边三角形的每个角为60°，因此，如果这个角被等分为10个，那么取6°角为基本的角度单位似乎是合理的。现在由60这样的基本角度单位刻画一个圆圈（360°），于是选择60为基数的原因就显现出来了。请注意，这种说法几乎自相矛盾，因为它假定用10等分来得出基本单位！

商殷的天干地支

对比来说，我们祖先在3 000多年前商代时所用的数字系统比同期巴比伦人的更为先进，更为科学。而荒谬的是一些西方学者相信，旧大陆的几大文明都是由于西亚巴比伦的苏美尔文明的作用而产生的，中国文明是其中最后的一个，离西亚愈远，重大发明出现得愈晚，这便是文化传播循序渐进的表现。

他们毫无根据地认为有一支属于印度-伊朗语的草原部落,其祖先至少有一部分属于非蒙古人种,其文化是属于巴比伦的一支,他们到达黄河沿岸,带来了马和战车、各类铜器、野兽纹饰、新型艺术、象形文字、天文历法,这才产生安阳文化体现的绚丽多彩的殷代文明。

中国第一代的考古学家依靠发掘出来的实物及科学的考证,对于这些由于一知半解或囿于民族偏见而竭力宣传的中国文化西来说进行了辩驳,指出这些西方学者"犯生吞活剥的毛病,撮拾一鳞半爪,强为勾通,造出种种奇怪的学说"。

"仿佛觉得先秦二三千年间中土文化的步步进展,只是西方亚洲文化波浪之所及。"

"他们在中国文字的古音古形古义尚没研究出个道理来的时候,就有胆子把它与楔形文字乱比起来。对于中国古史传说的真伪没有弄清楚就敢讨论中国文化的来源。这些人,虽说挂了一块学者的招牌,事实上只是发挥某一偏见,逞快一时。"

事实上中国的甲骨文和楔形文字的形象完全不同,10 岁的小孩都可以一眼区分出来。由两者的记数方法不同,也可以马上分出是不同源流,而这些所谓西方专家却看不出来,真是令人啼笑皆非。

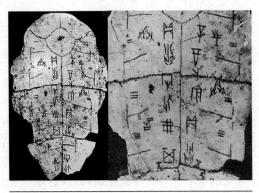

甲骨文

如果要在记数方面勉强把我们的祖先和巴比伦人扯上关系。我可以说中国人也有用 60 进制，可是和巴比伦人不相同。这 60 进制到现在中国还用，可是许多人却不知道。

商代因历法的需要，创造了一种所谓"天干地支"的六十循环记日法。

天干是：甲、乙、丙、丁、戊、己、庚、辛、壬、癸。

地支也是一种表示顺序的符号，有 12 个字：子、丑、寅、卯、辰、巳、午、未、申、酉、戌、亥。

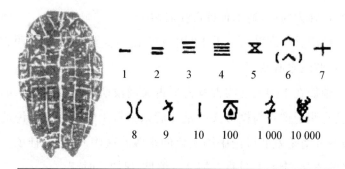

甲骨文的数字

中国自古以来有一种计算年、月、日的方法，即将"天干"与"地支"按顺序排列、组合，如下面的干支表。

号数	1	2	3	4	5	6	7	8	9	10
0	甲子	乙丑	丙寅	丁卯	戊辰	己巳	庚午	辛未	壬申	癸酉
1	甲戌	乙亥	丙子	丁丑	戊寅	己卯	庚辰	辛巳	壬午	癸未
2	甲申	乙酉	丙戌	丁亥	戊子	己丑	庚寅	辛卯	壬辰	癸巳
3	甲午	乙未	丙申	丁酉	戊戌	己亥	庚子	辛丑	壬寅	癸卯
4	甲辰	乙巳	丙午	丁未	戊申	己酉	庚戌	辛亥	壬子	癸丑
5	甲寅	乙卯	丙辰	丁巳	戊午	己未	庚申	辛酉	壬戌	癸亥

从天干、地支的头一个字甲、子开始，依次各取一个字，配成甲子、乙丑、丙寅……天干或地支取完了接着从头再取，直到癸亥，共

取 60 次。以后又是甲子等,出现了一个循环。

由于 10 和 12 的最小公倍数是 LCM(10，12)＝60,所以可知殷人在几千年前就有最小公倍数的概念! 李约瑟教授把这 60 周期比作两个互相吻合的齿轮,一个轮有 12 齿,另一个有 10 齿,这样配合成 60 个组合。新的循环便又开始。

中国人早在商殷时代就使用 60 干支纪日,一日一个干支名号,日复一日,循环使用,从不间断。

60 也就成了殷人一周的日数。从这种干支表中,又可看出他们的记旬法:从甲日起到癸日止十日是一旬,表上列有六旬,因此干支表也称为"六旬表"。

其实在夏代已有天干记日法,用甲、乙、丙、丁……癸十个天干周而复始的来记日,并有十天为一旬的概念。

《尚书·皋陶谟》记夏禹的话:"娶于涂山,辛壬癸甲。启呱呱而泣,予弗子,惟荒度土功。"这是说:他娶涂山的女儿为妻,结婚时在家仅呆了辛、壬、癸、甲四天。后来生了儿子启,他也顾不上照拂和父爱,只有忙于考虑治理水土的事。

《吕氏春秋·勿躬》说"大桡作甲子",大桡是黄帝时的史官,如果这是正确的,那么天干地支的使用比夏朝更早。

夏代后期的几个帝王名孔甲、胤甲、履癸的,也许是在甲日和癸日出生,因此就附上出生的天干名。就像《鲁滨孙漂流记》里的鲁滨孙是在"礼拜五"救了一个土著,不知道他的名字,以后就用礼拜五(Friday)来称呼他一样。

商代在夏代天干纪日的基础上,发展为干支纪日,即将甲、乙、丙、丁……十天干和子、丑、寅、卯……十二地支顺序配对,组成甲子、乙丑、丙寅、丁卯等六十干支,六十日一周循环使用。在出土的商代武乙时的一块牛胛骨上面刻着完整的六十天干地支,两个月共计 60 天,这也许就是当时的日历。还发现,有一组胛骨卜辞记着两个月共计 59 天,这证明商代已经有大、小月之分了,即大月

30日，小月29日。另外，卜辞中还有分一年为13个月的多次记载，这又证明商代已经用闰月来调整节气和历法的关系了。从大量干支纪日的材料分析，学者们对商代历法较为一致的看法是：商代使用干支纪日、数字纪月；月有大、小之分，大月30日，小月29；有闰月，亦有连大月；闰月置于年终，称为十三月；季节和月份有较为固定的关系。

商代的人用龟甲或者兽骨（主要是牛的肩胛骨）加以烧灼，观察所形成裂痕的形状，认为可以判断吉凶。商代的甲骨常刻有文字，这些文字绝大多数是用刀契刻而成，故又称"刀刻文"、"殷墟书契"等，绝大多数都与占卜有关，称为卜辞。由于当时人笃信占卜，事无大小都求决于卜法，所以卜辞的内容非常丰富，在不同程度上反映了社会的各方面，有重要的史料价值。

占卜时，卜者用火烧灼已制好的钻，插入甲骨上的凹孔，使甲骨坼裂，成"卜"字形的裂痕，名为"兆"。兆的情况和次第，刻记在兆的旁边，我们称之为兆辞。表示次第的兆辞，也称为兆序。

占卜的时日，卜者的名字，所问的问题，都刻在有关的兆的附近。关于卜问时间，有时还有地点的部分，称为前辞；问题本身，称为贞辞。

通常在甲骨上刻的是简单句子：

"癸亥卜，今日雨？"

"癸亥卜，甲雨？"

"壬辰卜，王：我只（获）鹿？允只八豕。"

甲骨卜辞一般先记卜日的"干支"，次记"卜"，再次记"贞"，以下便是问卜的话。

像"甲辰卜贞：王宾求祖乙、祖丁、祖甲、康祖丁、武乙衣、亡尤？"这是向列祖列宗祭祀。

武甲时的一块牛胛骨上刻着完整的六十甲子，两个月合计为六十天，很可能是当时的日历。

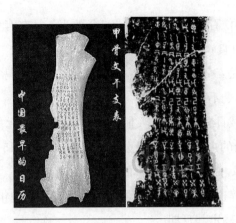

武甲时的一块牛胛骨上刻六十甲子

中国甲骨文学者于省吾（1896—1984）藏这块牛胛骨，他说："其中有一半甲骨记事刻头，反面是干支表，正面是一百七八十个字的记事刻头。记的是帝乙、帝辛的打仗、俘虏的卒帅车马盾矢和用俘首祭祀祖先的事情。在我们所见到的已出土十多万片甲骨文之中，这是最长的一条，也是殷末最重要的一段战争文献。"

日食是一种太阳被月球遮蔽的现象。当日食发生时，本来光芒四射的太阳会突然变得暗淡无光，成为一个暗黑的圆面，星星却出现在白日的天空。这样的奇特景象，对于不了解其原因的古人来说是一件惊天动地的大事，自然成为中国先民们重点观测的天象。早在3 000多年前，殷墟甲骨文中就有关于日食的记载。《书经·胤征篇》记载："乃季秋月朔，辰弗集于房……瞽奏鼓，啬失驰，遮人走……"描述了夏代仲康元年日食发生的时候，人们惊慌失措的场面。

于省吾

这些天象记事不仅内容翔实，其中许多还是世界上最早的记录，至今对于现代天文学的研究仍起到重要的作用。举例

111

来说在《殷契佚存》第 347 片记载："癸酉贞：日夕有食，佳若？癸酉贞：日夕有食，非若？"

这意思是：癸酉日占，黄昏有日食，是吉利的吗？癸酉日占，黄昏有日食，是不吉利的吗？

这块记载日食的记录，人们认为是发生在公元前 1200 年左右，比巴比伦的可靠日食记录公元前 763 年 6 月 15 日还要早一些。在甲骨文中就有五次日食的记录。

甲骨卜辞也有月食的记载。但因为没有一片是年、月、日俱备的，所以无法确定其日期。

有一块写"旬壬申夕月有食"即壬申这天晚上有月食，只能估计是公元前 14—12 世纪发生。

中国人也是最早观测到新星。有些星原来很暗弱，多数是人目所看不见的，但是在某个时候它的亮度突然增强几千到几百万倍（叫做新星），有的增强到一亿到几亿倍（叫做超新星），以后慢慢减弱，在几年或十几年后才恢复原来亮度，好像是在星空做客似的，因此给以"客星"的名字。在我国古代，彗星也偶尔列为客星；但是对客星记录进行分析整理之后，凡称客星的，绝大多数是指新星和超新星。我国殷代甲骨文中，就有新星的记载。

在《殷墟书契后编》有记载："七日己巳，夕□，有新大星并火。"当中□字考释争议很多，于省吾认为是昏暗的意思。是指七月己巳黄昏有一颗新星接近"心宿二"。以及还有辛未日新星消失了的记载。这是公元前 1400 年的记载。李约瑟在《中国科学技术史·天学卷》中谓此片甲骨"确为遗留至今的最古新星记录"。

李政道教授在 1993 年到台湾的工业技术研究院演讲，特别提起这个原始的记录。他说"这张图是世界上最早的，可能是 Nova，也可能是 Supernova 的记录，它说在某月的 7 日'新大星并火'（甲骨文）"。

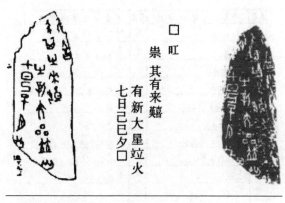

口 旺

祟 其有来嶷

有 新 大 星 竝 火

七日己巳夕口

人类最古新星记录

Nova 是新星，Supernova 就是超新星，所以这个"新大星"可能是新星，也可能是超新星。

"这是发生在公元前 13 世纪的事，我们现在很难猜出在三千多年前，到底是个新星还是个超新星。不过至少是个新星。而且还有另一篇甲骨文，记录是大概在一个月后这个新星已经转暗了，这是很科学也是全世界最早的记录。"

吴浩坤、潘悠在《中国甲骨学史》写道："从卜辞数量看，商代卜辞有很大一部分围绕农业生产，如祭祝上帝、祖先，为了求禾、求年，为了求雨，使年成好、收获多。其次是卜王及王妃、王子等有没有灭祸的卜辞……还有许多涉及征伐方国和俘获情况。至于卜田猎、捕鱼、出入，则是为了商王游乐。

商以干支纪日，以十干为名，所以干支字很多。对于数字已知一到十、百、千、万；天象方面已知日月食、置闰以及云、虹、风、雨等。总之，卜辞的内容相当丰富，也有规律可循，而进行科学的分类，既方便初学，又便于研究，所以十分重要。"

干支纪日法使用数千年，从春秋鲁隐公三年（公元前 722）二月己巳日起到宣统三年（1910）为止已有一千六百余年的历史，是世界上最长久的纪日法。

东汉建武 30 年（公元 54），纪年法和岁星的运行没有关系，只

真书	甲骨文及普徃书提	真书	甲骨文及普徃书提
甲		戊	
乙		亥	
丙		一	
丁		二	
戊		三	
己		四	
庚		五	
辛		六	
壬		七	
癸		八	
子		九	
丑		十	
寅		廿	
卯		卅	
辰		卌	
巳		五十	
午		六十	
未		七十	
申		八十	
酉		百	

天干地支在甲骨文中的写法

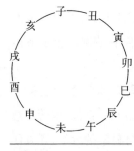

地支纪月是以这图的方位决定

按六十干支的序来纪年，这就是所谓干支纪年法。每一循环必须从"甲"开始，所以确立 60 年，我们称为"一甲子"或"一花甲"，现在仍然在民间引用。

地支纪月，是以北斗星斗柄所指的方位计算月份，称为月建，而方位的名称是以十二支来代替。

从《诗经》可以知道春秋战国时期大部分诸侯国采用夏历，夏历以建寅之月即北斗柄指向寅的方位为正月；商代是以丑月（夏历十二月）为正月，称建丑；周代是以子月（夏历十一月）为正月，称建子。秦代和汉初曾以夏历十月为岁首，自汉武帝实行太初历之后，历代一直以夏历正月（建寅之月）作为岁首。

干支纪年，自东汉章帝（公元 85）颁布之后，一直到清朝都在使用。

《史记》对于天干有这样的解释："甲者，言万物剖符甲而出也；乙者，言万物生轧轧也。""丙者，言阳道著明，故曰丙；丁者，言万物之丁壮也，故曰丁。""庚者，言阴气庚万物，故曰庚；辛者，言万物之辛生，故曰辛。""壬之为言任也，言阳气任养万物于下也。癸之为言揆也，言万物可揆度。"这和夏商是农业社会有关。

在西汉之后，十二地支和从夏朝流传下来的五行"金、木、水、火、土"相配：寅卯——木，巳午——火，辰未戌丑——土，申酉——金，亥子——水。这被认为是包罗万象的事物分类图式，自然界、人事间的错综复杂的现象都可以和这图式联系起来。

结果各种方士、巫师、风水先生、算命卜卦之徒胡编乱说或生拉硬扯，编出什么"甲子乙丑海中金，丙寅丁卯炉中火……"的歌诀，宣扬"春三月，木旺、火相、土死、金囚、水休；夏三月，火旺、土相、金死、水囚、木休"之类的骗人鬼话。

道教把六十甲子神化，塑造六十甲子神像，称为岁星（太岁）。我们说"在太岁头上动土"，就是指人不知天高地厚。现在北京白云观元辰殿就有这六十太岁像。从金朝以来每年正月初八定为祭岁星日，以保来年顺利，人们祭与自己生年对应的岁星可以得到福佑。

7 中国独特的计算工具
——算筹和算盘

根据马来西亚的报纸报道，现在的马来西亚政府要求在全国的小学数学教育中，采用中国的算盘为计算工具。

在美国也有一些小学，采用中国的算盘来计算，而不是用计算器。

我想在这里介绍一下中国人在发明算盘之前是用什么计算工具，以及算盘产生的经过。

中国在 300 多万年前已有古人类活动，在云南的元谋，人们找到距今 170 万年前的人类化石，陕西出现 80 万年前的蓝田人，还有广东马坝人、湖北长阳人、广西柳江人、北京山顶洞人等旧石器时代的古人类。

大约在一万年前，我们的祖先进入新石器时代，人们过着群聚、渔猎的生活，懂得磨出石器及制造陶器。随着以后生活及生产的需要，人们开始要计数。最初我想人们是以他们的手指作为计算工具，这是"屈指可数"这个成语的来源。

后来人们用石子、贝壳等自然实物来协助计算。在中国古书《易经》的《系辞》里记载："上古结绳而治，后世圣人，易之以书契。"在 4 000 多年前的甲骨文中，有一个"数"字，左边形如一根绳上打了许多结，上下有被拴在主绳上的细绳，而右边是一只右手，这表示古人是用结绳来计数。

甲骨文中的"数"字

我们没有实物可以证明中国人结绳，可是从古代秘鲁人的遗物中我们可以看到这样的例子。

西班牙人描绘的秘鲁人在结绳的情景

藏于巴黎人类博物馆的秘鲁印第安人的绳结

可能结绳还不是太方便计算。在黄河、长江流域生活的祖先，利用盛产的竹子制成竹签，称为筹码，摆成不同的形式来表示数。

我们现在的"算"这个字，在古代是写成下图的形状。

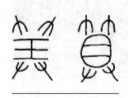

古代的"算"字

这是很形象地表示用手摆弄算筹的图形。这个字形在公元前 3 世纪已出现。

在石头、泥坯、树木上进行刻痕画线来表达与计算数，应该是许多民族进化过程的一种生活活动。在西安半坡等遗址出土的六千

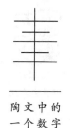

陶文中的一个数字符号

年前的彩陶钵口沿上有一些刻画的符号，和后来在甲骨文、金文出现的"｜"、"‖"、"｜｜｜"、"｜｜｜｜"、"十"等数字符号相似。陶文中还有如左图这样的符号，可能是表示较大的数。

台湾的少数民族排湾族，以及云南的一些少数民族，在50多年前还在木棒上刻线表示他们狩猎到野猪的数目。

筹的起源

有许多外国人以为中国古代的人是用算盘来作计数工具。事实上，在几千年前中国人为了生活需要而使用的是一种独特的计算工具——算筹。

筹是一些小竹、木棍。从西周直到宋元，有两千多年的时间，人们都是以筹来作计算工具。筹也有以骨、玉、铁等材料制成。

1954年考古学家在湖南省长沙左家公山发现一座距今2 100多年前战国晚期的楚墓，里面有一个竹筒，装有天平、砝码、毛笔，以及40根长短约12厘米的竹筹，这是最早发现也是当时所知最古的算筹实物。

到了1978年，在河南省登封出土的早期战国陶器，上面刻有算筹记数的陶文。因此可以把使用算筹的时间推到更古远。

远在从渔猎时代过渡到畜牧时代的时候，为了计算羊群或马群，人们用小石块或木枝来和所蓄养的动物建

16世纪欧洲的珠算和笔算比赛

立一个一一对应的关系,这样计算起来既方便又比较准确。可是有时栖居的地方没有太多石块,或者携带石块来计算太过费劲,于是人们想到为什么不用到处可见的竹子为材料制造计算的工具呢?

在5 000多年前古代黄河流域一带,气候比现在温暖湿润,竹子丛生。我们的祖先已会充分利用竹子建住房、做竹筏、制箭、削成筷子来夹烤熟的肉以免烫手,他们当然会想到削成竹片来作为计算的辅助工具。

由于竹容易腐烂,不易保存几千年,因此我们看不到在殷墟出土有算筹的实物。可是那里留下来的20多万片龟甲兽骨上的文字,就有明显的数字遗迹显示:距现在3 300多年前的商代,人们已用算筹了。

在甲骨文上的"一"、"二"、"三"、"四"、"五"、"六"和"十"是形如"一""二""三""三""三""×"和"∧"、"|"的样子。

如果用|、||、|||、||||、|||||来表1、2、3、4、5,那么很自然我们会想到用6根竹棒表示6了,可是这样很不方便,在公元前6世纪到公元前3世纪的周人就用⊥或T表示6。而7就用⊥、╥来表示,8就用⊥、╥来表示,而9就是以⊥或╥来表示。

到了秦汉时期基本上就把数字定为横式及纵式两种,而且规定个位、百位、万位是用纵式,而十位、千位是用横式:

纵式(个、百、万位)
横式(十、千、十万位)

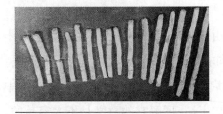

西安出土的西汉金属算筹

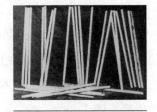

千阳出土的西汉骨算筹

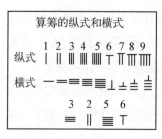

筹算加减法

大约在公元 3 世纪出现的《孙子算经》中说："凡算之法，先识其位。一纵十横（个位纵划、十位横划），百立千僵（百位纵的、千位横的），千十相望（千位和十位相同），万百相当（万位和百位相同）。"

筹算加减的方法比较简单。把加数和被加数摆上两行，各位数对齐，然后由高位数算起，即由左向右计算，变成一行就是答案。这方法和我们现在通行的笔算恰好相反。现代的笔算法是由低位数往高位数计算。古代西方人和中国人一样是由左而右计算的，到了 12—13 世纪以后才转变成我们现在的方法。

我们举下面的例子说明进行筹算的过程：

我们要算 43 792＋3 056

减法的计算刚好是上面的逆转。比如我们要算

46 848－3 056

首先列出 46 848，然后由千位中减去 3，依次再减去百位、十位和个位的数字，也是由左向右计算的。读者可以自己算着试试。

《孙子算经》是一部算术启蒙书，里面有讲乘法，可是现在的中学生要看懂 1 600 多年前的文字，并理解它的意义是不太容易的，故我们加以说明，在下面逐步解释（以 81 乘以 81 为例）。

(1) 重置其位，上下相观。（下层的最低位数与上层的最高位数对齐。）

	上位
	中位
	下位

(2) 以上八呼下八，八八六十四，即下六千四百于中位。

	上位
	中位
	下位

(3) 以上八呼下一，一八如八，即于中位下八十。

	上位
	中位
	下位

(4) 退下位一等，收上头位八十。（下层乘数向右移一位，去掉上层的八。）

	上位
	中位
	下位

(5) 以上位一呼下八，一八如八，即于中位下八十。

	上位
	中位
	下位

(6) 以上一呼下一，一一如一，即于中位下一。

	上位
	中位
	下位

（7）上下位俱收，中位即得六千五百六十一。（把上下位的数去掉，剩下中位的数就是答案 6 561。）

```
┌──────────────┐
│           上位 │
│ ⊥▕▏▕▏⊥▏  中位 │
│           下位 │
└──────────────┘
```

从这个例子可以看出，把多位数乘多位数变成用一位数去乘多位数，乘一位加一位，基本想法和现在的笔算一样。

现在举另外一个例子 236×428，为了让习惯看阿拉伯数字的读者能较易理解，我们不写筹式而用阿拉伯数码记数。

（1）

```
┌──────────────┐
│      2 3 6 上位 │
│           中位 │
│  4 2 8    下位 │
└──────────────┘
```

（2）

```
        ┌──────────────┐
        │      2 3 6 上位 │
      → │  8 5 6    中位 │
        │  4 2 8    下位 │
        └──────────────┘
  (2×4= )8
  (2×2=    4(+
         ────
          8 4
  (2×8=  )  1 6 (+
         ──────
          8 5 6
         ══════
```

（3）

```
┌──────────────┐
│        3 6 上位 │
│  8 5 6    中位 │
│    4 2 8  下位 │
└──────────────┘
```

（4）

```
        ┌──────────────┐
        │        3 6 上位 │
      → │  9 8 4 4  中位 │
        │    4 2 8  下位 │
        └──────────────┘
           8 5 6
  (3×4=  ) 1 2 (+
          ──────
           9 7 6
  (3×2=  )    6 (+
          ──────
           9 8 2
  (3×8=  )      2 4 (+
          ────────
           9 8 4 4
          ════════
```

(5)

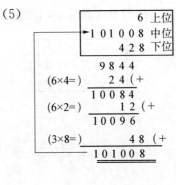

```
                    6  上位
        →101008  中位
                  428  下位

              9844
(6×4=)        24 (+
            10084
(6×2=)        12 (+
            10096
(3×8=)          48 (+
          101008
```

(6)

```
            上位
101008  中位
            下位
```

消掉(5)中的 6,把下位的数去掉,我们全部乘完,所得的答案就是中位所示。

筹算除法

根据《孙子算经》及《夏侯阳算经》的记载,我们知道除法的过程是乘法的逆运算。这个除法和我们现在所用的笔算一致。

其法则如下:"凡除之法,与乘正异,乘得在中央,除得在上方,假令六为法,百为实。以六除百,当进之二等,令在正百下。以六除一,则法多而实少,不可除,故当退就十位。以法除实,言一六而折百为四十,故可除。若实多而法少,自当百之,不当复退,故或步法十者,置于十位,百者置于百位,余法皆如乘时,实有余者,以法命之,以法为母,实余为子。"

现在举例子说明,计算 $2761 \div 56$。

(1)

```
          商  上位
  2761  实  中位
  56      法  下位
```

（2）因被除数首二位 27 小于除数 56，不够除。把除数向右移一位。

```
              商
    2 7 6 1   实
      5 6     法
    2 7 6
(4×5=)  2 0   (−
        7 6
(4×6=)  2 4 (−
        5 2 1
```

（3）将初商 4 置于被除数之上，以 4 乘除数各位，并从被除数
中减去。

```
          4   商
        5 2 1 实
        5 6   法
        5 2 1
(9×5=)  4 5    (−
          7 1
(9×6=)    5 4 (−
          1 7
```

（4）把除数再向右移一位，除得次商 9 后，得余数 17。由上可
见筹算除法是随乘随减，一气呵成。

```
        4 9 商
        1 7 实
        5 6 法
```

我们的祖先还可以用筹算开平方及开立方，过程较复杂，这里
就不介绍了。

用筹表示负数

魏晋数学家刘徽在《九章算术注》里写道："正算赤，负算黑，否

则以邪正为异。"

如果万一黑色的算筹不够,那么怎么办呢? 人们就用斜放的算筹表示负数,正放的算筹表示正数,就像刘徽注所说的"以邪(通'斜'字)正为异"。

北宋著名的科学家沈括(1031—1095)晚年写的《梦溪笔谈》是一部笔记文集,其中三分之一谈论自然科学,记述了北宋时期各方面的数学成果。在该书的卷八就写道:"算法用赤筹、黑筹,以别正负之数。"可见到北宋时,这个方法还是千年不变延续了下来。

在西汉时算筹一般是圆形竹棍,把 271 枚筹捆成六角形的捆。这在《汉书·律历志》中记载:"其算法用竹,径一分,长六寸,二百七十一枚而成六觚,为一握。"

从汉朝到隋朝(581—618),算筹渐渐改变成短小,而且把圆柱形改成棱柱形,主要原因是为了方便取用。隋代的三棱的算筹表示正数,四棱形的算筹表示负数。束置的方法是把正数的算筹216 枚,束成一个六角柱体,每一边六筹,对径十二筹。负数的算筹 144 枚,束成方柱体,每边是十二筹。

《隋书·律历志》这么描述:"其算用竹,广二分,长三寸,正策三廉,积二百一十六枚,成六觚,乾之策也;负策四廉,积一百四十枚,成方,坤之策也。觚、方皆径十二,天地之数也。"

筹算的缺点

中国人利用算筹为计算工具,从春秋至汉、唐、宋、元,有两千多年历史。

可是筹算在数字计算方面有一定的缺点:

(1)用筹拼排数码,1—9 的九个数要用 29 根筹,平均每个数需用 3.2 根。这就是说动一个数码平均要做 3.2 个动作，所以速度慢，不利于速算。

（2）算筹较长，计算时占地多。汉算筹长 13.8 厘米，隋筹虽较短，也还长 8.85 厘米。如果以隋筹的长度来说，在计算多位数加、减、乘、除时，一个数码连同左、右、上、下各个数码间应留的空隙，估计所占的面积要 121 平方厘米。

计算一道 4 位数乘 4 位数积是 8 位的乘算题，按照筹算乘法的方法将算筹分上、中、下三层排列，约占长 90 厘米、宽 40 厘米的地位，一张方桌不够做两道这样的乘算题。

宋代马永卿曾在《懒真子》一书记载："卜者出算子约百余，布地上，几长丈余。"

筹算不但做乘除法时占位多，做多位数加减法时也是这样。我们现在可以想象距今 1 500 年前南朝的祖冲之要计算圆内接正 24 576 边形的边，而得到圆周率 π 的近似值在 3.141 592 6 及 3.141 592 7 之间，其计算量及他所要用的计算面积的巨大。

难怪算盘出现以后，由于构造简单、价格低廉、计算方便，很快取代算筹。

中国人长期用算筹来作计算的工具，可是随着生产和商业交换活动的发展，筹算逐渐不能适应生活的需要，特别是商贾买卖，需要快速计算。筹算摆放速度慢，占用的面积大，很不方便。因此当珠算产生之后，筹算很快就从历史舞台上退出。到明末，在中国盛行了两千年的算筹和筹算，终于被算盘和珠算逐渐代替，完成它的历史使命，走到了尽头。

珠算的起源

清钱大昕《十驾斋养新录·算盘》中说："古人布算以筹，今用算盘，以木为珠，不知何人所造，亦未审起于何代。案陶南村《辍耕录》有走盘珠、算盘珠之喻，则元代已有之矣。"

1976年3月，中国考古工作者在陕西省岐山县的凰雏村发掘出西周王朝早期宫室的遗址，在出土之文物中发现了青黄两色的陶丸九十粒：青色二十粒，黄色七十粒，这些陶丸直径是1.5～2厘米，考古学家认为这是西周时用的算珠。

西周陶丸

1953年3月，在山东沂南发掘了汉代古墓，墓室内有一些图像，其中一幅拓片，描绘在墓室内有一人跪地上，双手捧着长方板，向其主人做奉敬状态。长方板上有六个直行，有二行内有圆珠，每行八颗（上五下三）。另外在墓室一侧的小几上也有长方板，所绘直行和放置的圆珠个数，与拓片手捧长板一样。

因此从周朝到汉朝，除了用竹筹以外，人们也利用刻有槽并放圆珠的算板作计算工具。

事实上，古巴比伦人也用类似的工具协助计算。

我们的祖先觉得像这样的计算板还是有缺点，因此后来转变成有轴穿珠，便于操作。

"珠算"这个名词，最早见于汉书《数术纪遗》，按书中所述，"珠算控带四时，经纬三才（天、地、人三才）"，里面注释是："刻板为三分，其上下二分，以停游珠……"故可解释为游珠算盘。

《数术纪遗》

《数术纪遗》中还说：黄帝的臣子隶首定计数的方术多种，除遗忘者外，尚有积算、太乙、两仪、三才、五行、八卦、九宫、运算、了知、成数、把头、龟算、珠算、计算等共十四种。

太一算　　　　　两仪算　　　　　三才算

中国古代的计算工具

《数术纪遗》的著者是徐岳，他是东汉末年人。注释的甄鸾是三国以后北周人。《四库全书》提要中说这本书事实上是甄鸾假托徐岳之名而作。如果这是真的话，我们可以认为中国的游珠算盘在东汉至北周时期已经出现。

东汉因公元220年董卓之乱而结束。三国的纷争是从四百年的太平转为四百年的魏、晋、南北朝大纷乱的开端。

李约瑟教授在他的《中国科学技术史》第三卷中，引《北史》八十九卷关于北齐冶金家綦毋怀文的传记中一段记载，说明在北齐时就有珠算。

"昔在晋阳为监馆，馆中有一蠕蠕客，同馆胡沙门指语怀文云，此人别有异算术，乃指庭中一枣树云，令其布操作数，即知其实数。乃试之，并辨若干纯赤，若干赤白相半，于是剥数之，唯少一子。算者曰，必不少，但更撼之，果落一实。"

李约瑟把他译成英文，下面是中译本的译文：

"据说，在晋阳学馆，有一次有一个蠕蠕（匈奴）客人来访，馆中的一个外国僧侣指着綦毋怀文对他说：'这个人有奇异的数学才能！'并指着庭院中的一棵枣树，请怀文用操作数计算树上有多少枣实。

计算后，怀文不仅说出枣实的总数，并说出其中有多少已熟，多少未熟，多少半熟。

当把枣实计数核对之后，发现只少一个，但这位数学家说：'这是不会错的，请把树再摇一摇！'

这样做了以后，果然有一个枣实掉了下来。"

这故事真是奇妙，把綦母怀文的计算能力说得神乎其技。

人们现在认为汉代已有游珠算盘，晚唐产生了串珠算盘，宋元已经普及使用，晚清勃兴起来后直到现在。

1366年浙江黄岩的陶宗仪所著的《南村辍耕录》中，就有关于珠算盘的明确记载。书中卷29讲到一条俗谚，这条俗谚用"擂盘珠"和"算盘珠"打比喻时指出，"擂盘珠……不拨自动"，"算盘珠……拨之则动"。

刘松年（约1155—1218），南宋孝宗、光宗、宁宗三朝的宫廷画家，有《茗园赌市图》，描绘斗茶（此画藏台北故宫博物院）。画面上人物不少，画中茶贩有注水点茶的，有提壶的，有举茶杯品茶的。右前边有一挑茶担卖茶小贩，停肩观看，还有一妇人一手拎壶另一手携小孩，边走边看斗茶。此画中有男人、女人，老人、壮年、儿童，人人有特色表情，眼光集于茶贩们的"斗茶"，表现造茶人对自己劳动成果的自信。个个形象生动逼真，茶贩有算盘，刘松年把宋代街头民间斗茶的情景淋漓尽致地描绘在世人面前。

800年前的《茗园赌市图》

又在元朝杂剧《元典选》"庞居士误放来生债"一折中有"去那算盘里拨了我的岁数"一句唱词。可见那时珠算盘已是一件比较常见的工具，并反映到戏剧作品中去了。

元初画家王振鹏在公元 1310 年所绘的《乾坤一担图》中，有一个货郎担上有一把算盘，其横梁和档子、穿珠极为清晰，同现代算盘一样。

局部放大图

王振鹏所绘的《乾坤一担图》

元末的 1334 年出版了一部世界上最古老的有插图的儿童读物《对相四言杂字》，里面就有珠算盘的最早图说。

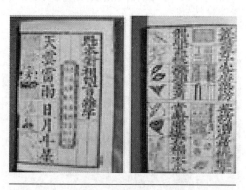

《对相四言杂字》

北宋名画家张择端所绘的《清明上河图》，在卷末有赵太丞家药铺,柜子上绘有算盘的图形。可见在北宋时人们已普遍使用算盘当计算工具。

曾经有日本专家认为中国算盘起源自罗马、希腊的沟算盘,中国东汉和罗马有贸易来往,商人把贸易物资与这种算盘传到当时的汉朝。可是中国史学家认为从国外传入的文物,如西汉张骞由西域传入的乐曲、乐器、汗血马、苜蓿、葡萄等,都有文献记载。传入的文物,还加"胡"字,如胡琴、胡床、胡豆、胡桃等。汉代以后传入的数学,如唐朝传入的印度数学,宋、元传入的伊斯兰数学,明清传入的西方数学都有详细的记载。因此"算盘西来说"是没有依据的。

写出最好珠算书的数学家——程大位

被中算史家严敦杰、梅荣照两位先生称赞为"明代最杰出的数学家"的程大位,明、清正史中都没有他的传记。

程大位(1533—1606),安徽休宁人,原来从商。壮年后在率口专门从事数学写作,历时三十余年,他用二十年的时间写了《直指算法统宗》简称《算法统宗》,这书很快到处流传和翻刻。他在《算法统宗》出版后六年写了《算法纂要》。

《算法统宗》流传广泛,对明末以及清代民间数学知识的普及和中国古代数学知识的继承有不可忽视的作用。可是在 1781 年清朝编的《四库全书》对《算法统宗》评价不高,说:"此书专为珠算而作,故世俗通行。惟拙于属文,词多支蔓,未免榛楛勿翦之讥。"

在 1795 年由阮元负责、李锐编纂的一部记述历代天文学家、数学家学术活动及成果的传记体数学史和天文历法史书——《畴人传》,对程大位的工作是这样贬低的:

"大位算学未能深造,故其为术类多舛错,然杂采诸家,往往有宋元以来相传旧法如仙人换影之术，非所能作也。"

这里我们简略介绍他的生平以及工作，希望大家能对他有一个客观的认识。

程大位，字汝思，号宾渠。幼年除了学习数学外，还学儒家的学问，可是在学成以后没有参加当时的科举考试。年纪大了就出外做生意，"周游吴楚之墟"。

他把皖南地区盛产的桐油、茶叶、纸张、砚、墨用车船运出，再换回丝绸、布匹、五金等。他在经商期间，除了收集算书外，也同时收集文字方面的书籍。算盘是当时从商者的工具，但是缺少统一的珠算教科书，计算方法往往因人因地而异。程大位每到一地，都要观察同行的计算方法，回到客店或床上就细心琢磨，归纳顺口的口诀。听到哪里有好书，就或买或借，"齐心一志，至忘寝食"。程大位在几十年的经商期间，收集了很多数学书籍，积累了丰富的数学知识。

后来在写《算法统宗》时，他除了从这些书籍中吸收其精华，同时也保留了许多重要的文献。他在书中开列的一个从北宋到明万历年间的数学书目，是研究中国数学史一项重要的参考资料。当时他所知所见的数学著作有 51 种，其中只有 15 种流传至今。他的同乡吴宗儒在《算法统宗》和《算法纂要》的程大位"像赞"中称赞他：

程大位像及像赞

"书擅八分，算穷九九，迹隐市衢，心超林薮。"

他晚年退居乡下，用20年的时间写了《算法统宗》，60岁时完成。全书共17卷。程大位在《算法统宗》中，谈了他写作该书的经过："余幼耽习是学，弱冠商游吴楚，遍访名师，译其文义，审其成法，归而覃思于率水之上，余二十年。一旦恍然，若有所得。遂于是乎参会诸家之法，附于一得之思，篡集成编。诸凡前法之未发者明之，未备者补之，繁芜者删之，疏略者详之，而又为之订其讹谬，别其次序，清

《算法统宗》二卷首页

其句读。俾上智见解于荃蹄之外而成学，亦可缘是以获鱼兔，岂曰立我明一代算数之宗耶。"可见，这部《算法统宗》是程大位本人学习算盘、使用珠算、研究珠算的经验总结。

此书卷一是数学词汇、度量衡单位以及珠算的基本方法，有整数运算、分数运算、开平方和开立方、定位方法、加法口诀及九归口诀。卷二是整数和分数的基本运算，主要是归除法与留头乘法。卷三至卷十按《九章算术》体例分方田、粟布、衰分、少广、商功、均输、盈朒、方程、勾股十章，其中少广分为两章。卷十三至卷十六仍按《九章算术》的章目，是用诗词体例记述的难题。卷十七是杂诗，包括写算、一笔锦、纵横图等。

书中问题和解法汇编，很多出自南宋末年的杨辉《详解九章算法》。书中称为"古题"，但解法是全新的珠算方法。

卷六和卷七把筹算的开带从平方和开带从立方（正系数二次方程和三次方程求根）用到珠算中。

例 《算法统宗》六卷：

"今有直田积一千七百五十步，长比阔多一十五步，问该长、阔

各若干?"

程大位提出两种不同的解法：

[**解法 1**] 设长为 a，阔（宽）为 b，则

$$ab = 1\,750,\ a - b = 15。$$

根据勾股算术的方法得

$$4ab + (a - b)^2 = (a + b)^2 = 7\,225$$

用"归除开平方"求得 $a + b = 85$，所以 $a = 50$，$b = 35$。

[**解法 2**] 令 $x = b$，$x + 15 = a$，据题意得

$$x^2 + 15x = 1\,750$$

$$x = b = 35,\ a = x + 15 = 50$$

这部书刊行之后，由于适应了时代的需要，只在短短五六年内书坊就竞相翻刻。

这本书的初刊本出现后十年，李之藻和意大利传教士利玛窦合作，以《算法统宗》和利玛窦的老师、德国数学家克拉维斯的《实用算术概论》为底本，编译出一部名为《同文算指》的书在 1613 年出版，是一本著名的教科书。

1659 年李长茂编的《算海说详》九卷，全部取材于《算法统宗》。

梅文鼎(1633—1721)，清初的天文学家和数学家，在他的《方程论》《勾股举隅》《几何通解》等著作中也多处引用《算法统宗》。

清代完成的大型类书《古今图书集成》将《算法统宗》全文辑入。到了清末，人们对这书的需求量很大，连主要翻译出版西方著作的江南制造局翻译馆也进行了翻刻。

明末日本丰臣秀吉命令毛利重作来华学习数学时带回《算法统宗》和中国算盘。以后多达 8 种不同的版本流入日本。毛利重作向他的弟子介绍程大位的工作，后来还著《归除滥觞》二卷。在 1627 年他最得意的弟子吉田光由写了一本《尘劫记》，以程大位的

书为蓝本改写而成。随后在日本出现上一珠下五珠的菱珠算盘，一直到今仍在使用。日本珠算普及情况按人口密度大大超过中国，对珠算的各个领域都有深广的研究。

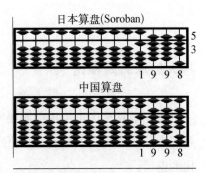

日本算盘和中国算盘

程大位的《算法统宗》在1592年5月出版之后，从明代到清代，各地书商纷纷翻刻，这书流传的广泛和长久，在中国数学史上是罕见的。

明末时，这书1600年传入日本、朝鲜及东南亚各国，对那些地区的数学发展有很大的影响。日本人奉他为"算神"，每年8月8日均要举行隆重的"算盘节"纪念程大位。

1716年（康熙五十五年），程大位的族孙程世绥翻刻他的书，在序中说："风行宇内，迄今盖已百有数十年，海内握算持筹之士，莫不家藏一编，老业制举者之于四子书、五经义，翕然奉以为宗。"

从清朝一直到民国初年，出现了《算法统宗》的各种翻刻本及改编本，民间还有各种手抄本流传，此书广泛流传300多年不衰，对民间普及珠算和数学起了重要的作用。

清朝翻刻本

程大位珠算博物馆

在安徽省黄山市屯溪前园渠东，有一座明代徽州古民居建筑，是程大位故居，现扩展成为程大位珠算博物馆，这是一扇展示徽文化的窗口。

程大位故居

此故居建于弘治年间（1488），马头墙，小青瓦，砖木结构。大门为内外门楼，上饰精美的徽州砖雕，门内为天井，晴天可望蓝天白云，雨季可观屋檐雨水流汇，四水归堂。故居为两层，一脊二堂三开间，东西厢房列两边，建筑面积五百多平方米。前堂为客厅，立有程大立画像和悬挂六角宫灯，横梁上"程大位故居"匾额为著名数学家苏步青教授所题。程大位故居占地面积4 000多平方米，于1986年9月18日程大位逝世380周年纪念日正式对外开放。博物馆由故居、祭祖楼、资料馆（覃思堂）、宾园四部分组成。

故居两厢为程大位及家人住房。楼上大厅内陈列有古今中外各式算盘、程大位著作、程氏宗谱及各种珠算数据、图片。在众多展品中，最令人瞩目的是形状各异的算算盘，大者有81档，1.75

程大位故居

米长,小者如工戒指算盘,仅2厘米长,具有较高观赏价值和文物价值。故居西侧为"宾园",程大位号宾梁,故名。园内回廊小径,花草山石,景致幽雅。墙垣窗户均为算盘图案,既具特色,又体现故居主人"珠算宗师"的身份,构思巧妙。

全馆共收藏文史数据4 000多份,不同形状、不同功能的算具(质地有金、银、铜、铁、锡、石、骨、象牙、泥、陶、玻璃、塑料、种子、海珠等数十种材料)近千件,充分展示了珠算发展、演变的历史进程。

馆内陈列的算盘

　　馆内陈列的最小的算盘是一只戒指算盘,尺寸为 1 厘米×0.5 厘米,纯银精制,镶嵌在一枚戒指上,为清代文物。最大的是门窗算盘,最长的是开方算盘,最古老的是算筹箸游算盘,最怪的是圆算盘和无珠算盘与梁上三珠算盘。令人大开眼界的是一只清代的九层算盘,其外形尺寸长 60 厘米,宽 40 厘米,全木结构。它内分九层,每层均为标准、完整的上二下五珠 24 档算盘,全算珠总数达 1 512 只之多。九层算盘并非单纯的算盘工艺品,而是一只具有实用价值的特殊算盘。据介绍,该九层算盘是当年徽商经营过程中应运而生的,一般置放在总账房先生的案桌上。每个下属部门报来的账目各占一层,最下一层便为各下属部门账目汇总的数字。

　　程大位珠算博物馆的建立,为国内外的专家、学者及珠算爱好者提供了较完整的研究和学习场所,形成了洲际性珠算研究和培训中心。

8 高斯——被誉为"数学王子"的德国大数学家、物理学家和天文学家

数学是科学的皇后,数论是数学的皇后。

——高斯

你知道,我写得慢。这主要是因为我从来没有满足,直到我已经尽可能地说了几句话,要书写简洁比写得冗长需要更多的时间。

——高斯

数学的发现,就像树林里的春天紫罗兰,有自己的季节,没有人可以加速或延缓它的出现。

——高斯

给我最大快乐的,不是已获得的知识,而是不断地学习。不是已有的东西,而是不断地获取。不是已经达到的高度,而是继续不断地攀登。

——高斯

这不是知识,而是学习的行为,不是占有,而是到达那里的行为,给予最大的享受。当我对一个主题已澄清,并用尽了,然后我远离它,为了再

次进入黑暗，永不满意的人就是这么奇怪，如果他已经完成了结构，那么他不是和平住在那里而是开始另一个领域。我想象世界征服者也有同样的感觉，征服了一个王国，然后伸出他的双臂再征服另一个国家。

——高斯1808年写给波尔约的信

灵魂的满足是一种更高的境界，物质的满足是多余的。至于我把数学应用到由几块泥巴组成的星球，或应用到纯粹数学的问题上，这一点并不重要。但后者常常带给我更大的满足。

——高斯

德国大数学家卡尔·高斯（Carl Friedrich Gauss，1777—1855）诞生于1777年4月30日。在高斯逝世100周年的1955年，联邦德国、奥地利、瑞士、英国、美国、法国、苏联、日本等20多个国家都分别举行了隆重的纪念大会，以纪念高斯为数学、天文学、大地测量学、物理学特别是电磁学的领域留下的难以磨灭的贡献。如果单纯以他的数学成就来说，很少在一门数学的分支里没有用到他的一些研究成果。

1955年联邦德国政府发行纪念这位科学家去世100周年邮票。

1955年联邦德国纪念高斯去世100周年的邮票

1977年联邦德国政府发行新的五马克纪念盾币，上面就有高斯的像，以纪念这位18—19世纪时期德国最伟大、最杰出的科学家。他的头像，也曾经被印在德国的10马克纸币上。

1991至2001年间流通于市面的德国旧货币十元马克钞票，它的正面印着高斯的肖像。肖像左侧还印上了钟形曲线，那

1977 年 4 月 30 日民主德国发行高斯诞
生 200 周年纪念邮票

是他在 1809 年出版的数学著作中重要的成果之一；印在背面的图
案是一具与大地测量有关的六分仪和三角测地成果图。

　　高斯曾经实际领导测地工作达数年之久。这张十元马克的印
刷带有淡淡的蓝紫色基调，与一种缬草花的颜色很相近。这样的
设计也许不是任意的选择，因为这种缬草紫与高斯为测地作业发
明的仪器回光仪（heliotrope），恰巧有着相同的名字。

1991 年德国政府发行的印有高斯肖像的十马克（正面）

反面

民主德国政府发行的 20 马克硬币，上面有高斯分布（德语：Gauβ-Verteilung，英语：Gaussian distribution）图，这是一个在数学、物理及工程等领域都非常重要的概率分布，在统计学的许多方面有着重大的影响力。

民主德国政府发行的 20 马克硬币

贫寒家庭出身

高斯的祖父是一名农民，父亲除从事园艺工作外，也当过各式各样的杂工，如护堤员、石匠、纤夫、花农、建筑工人等。父亲由于贫穷，本身没有受过什么教育。高斯这样描述他的父亲："霸气，粗鲁，和不登大雅之堂。"

高斯生于德意志地区不伦瑞克公国的不伦瑞克（Braunschweig），他的故居毁于二战。

高斯的母亲是石匠的女儿，一个半文盲但聪明的女人，在 34 岁时才结婚，结婚前当过 7 年女佣，35 岁生下了高斯。她有开朗的性格，始终是她唯一的儿子的忠实支持者，以后在高斯家生活 22 年，97 岁去世。母亲有一个很聪明的弟弟，手巧心灵而且是当地出名的织绸能手。这位舅舅对小高斯照顾有加，有机会就教育他，把他所知道的知识传授给他。相比之下，父亲可以说是一名"大老粗"，认为只有力气才能挣钱，学问这种劳什子对穷人是没有用的。

高斯在晚年喜欢对自己的小孙儿讲述自己小时候的故事。他说自己在还不会讲话的时候，就已经学会计算了。

他还不到 3 岁的时候，有一天看父亲在计算工人们的周薪。父亲在喃喃自语地计算，最后长叹一声总算把薪金算好。

在父亲念出数额，准备写下之时，身边突然传来微小的声音："爸爸！算错了。数额应该是这样……"

高斯小时生活的家毁于二战

感到惊异的父亲再算一次，果然小高斯讲的数目才是正确的。奇特的地方是根本没有人教过小高斯怎么计算，他只靠平日观察，并在大人不知不觉之时，自己学会了计算。

另一个著名的故事亦可以说明高斯很小时就有很强的计算能力。当他还在小学读书时，有一天，算术老师布鲁特纳（Bruettner）要求全班同学算出以下的算式：$1+2+3+4+\cdots+98+99+100=$？

算术老师要求全班同学算出 $1+2+3+4+\cdots+98+99+100=$？

　　在老师把问题讲完不久，教室里的小朋友们拿起石板开始计算："1 加 2 等于 3，3 加 3 等于 6，6 加 4 等于 10⋯⋯"一些小朋友加到一个数后就擦掉石板上的结果，再加下去，数越来越大，很不好算。有些孩子的小脸儿涨红了，有些孩子的手心、额上渗出汗来。

　　没过多久，小高斯就拿起他的石板走上前："老师，答案是不是这样？"

　　老师头也不抬，挥着那肥厚的手，说："去，回去再算！错了。"他想，小孩子不可能这么快就算出答案的。

　　可是高斯却站着不动，并把石板伸到老师面前："老师！我想这个答案是对的。"数学老师本来想怒吼起来，可是一看到石板上整整齐齐写了这样的数：5 050。他便惊奇起来，因为他自己也曾经算过，得到的数正是 5 050。

德国电影《丈量大地》里小高斯拿石板给老师

原来　　　1＋100 ＝ 101

　　　　　2＋99 ＝ 101

　　　　　3＋98 ＝ 101

　　　　　⋮

　　　　　50＋51 ＝ 101

前后两项两两配对，就成了 50 对数的分别相加，和都是 101，

于是 $101 \times 50 = 5\,050$。

高斯的算术老师对学生态度本来就不好，他常认为自己在穷乡僻壤教书是怀才不遇。而现在发现了"神童"，他很高兴。但是很快他就感到惭愧，觉得自己不能对天赋惊人的高斯给予什么帮助。

他去城里自掏腰包买了一本数学书送给高斯。高斯很高兴能和比他大差不多十岁的老师的助手马丁·巴特尔斯（Martin Bartels）一起学习这本书。这个小孩子和那个少年建立起深厚的感情，两人一起花许多时间讨论书里面的东西。

高斯在 11 岁的时候就发现了二项式定理即 $(x+y)^n$ 展开式的一般情形，这里 n 可以是正负整数，或正负分数。当他还是一个小学生时，就对无穷的问题很感兴趣。

高斯的家里很穷，在冬天晚上吃完饭后，父亲就要高斯上床睡觉，因为这样可以节省燃料和灯油。高斯很喜欢读书，他往往带一棵芜菁上他的顶楼去。他把芜菁中心挖空，塞进用粗棉卷成的灯芯，用一些油脂当烛油，于是就在这发出微弱光线的灯下，专心地看书。等到疲劳和寒冷压倒他时，他才钻进被窝里睡觉。

帮助高斯学数学的马丁·巴特尔斯

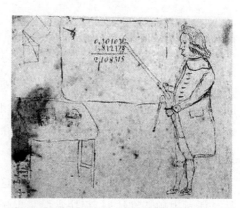

高斯画数学老师算错的情形（高斯赠送此画给好友波尔约）

有一天高斯在回家时，一面走一面全神贯注地看书，不知不觉走进了不伦瑞克公爵费迪南的庭园。这时费迪南（D. Ferdinand）公爵夫人看到这个小孩那么喜欢读书，于是就和他交谈，她发现他完全明白所读的书的深奥内容。

费迪南公爵

公爵夫人回去报告给公爵，公爵也听说过在他所管辖的领地有一个聪明小孩的故事，于是就派人把高斯叫到宫殿来。

费迪南公爵很喜欢这个害羞的孩子，也赏识他的才能，于是决定给他经济援助，让他有机会接受高深教育。幸得费迪南公爵的关照，不然有个反对孩子读太多书、总认为工作赚钱比做数学研究更有用的父亲，高斯又怎么会成才呢？

高斯的学校生涯

在费迪南公爵的善意帮助下，15 岁的高斯在 1792 年进入一间著名学院卡罗琳学院（Collegium Carolinum，程度相当于高中和大学之间）。在那里他学习了古代和现代语言，同时也开始做高等数学的研究。

他专心阅读牛顿、欧拉、拉格朗日这些欧洲著名数学家的作品。他对牛顿特别钦佩，很快掌握了牛顿的微积分理论。

1795 年 10 月高斯离开家乡到格丁根（Göttingen）去念大学。格丁根大学在德国很有名，它丰富的数学藏书吸引了高斯。

牛顿

许多外国学生也到那里学习语言、神学、法律或医学。这是一个学术风气很浓厚的城市。

高斯那时不知道要读什么系，语言系还是数学系呢？如果以实用观点来看，学数学以后找工作是不太容易的。

在他 18 岁的前夕，他在数学上的一个新发现使他决定终生研究数学，而这发现在数学史上是相当重要的。

我们知道当 $n \geqslant 3$ 时，正 n 边形是指那些每一边都相等、内角也一样的 n 边形。

希腊的数学家早知道用圆规和没有刻度的直尺可以作出正三角形、正四边形、正五边形和正十五边形。但是在以后的 2 000 多年中没有人知道怎样用直尺和圆规作出正七边、十一边、十三边、十四边、十七边形。显然，正 2^N 边形（$N \geqslant 2$）都是很容易作出来的。由于正三角形能作出来，因此正 $2^N \cdot 3$ 边形（$N > 1$）也一样能作出来。而正五边形和正十五边形也是能作出来的，如此一来，边数较少的正多边形就只剩下正七、正九、正十一、正十三、正十七这些奇数边多边形了。这些问题一直没有解决。

还不到 18 岁的高斯发现：一个正 n 边形可以用直尺和圆规作出当且仅当 n 是如下两种形式之一：

（1）$n = 2^k$，$k = 2, 3, \cdots$

（2）$n = 2^k \times$（几个不同"费马素数"的乘积），$k = 0, 1, 2, \cdots$

"费马素数"是形如 $F_k = 2^{2^k} + 1$ 的素数。费马（Pierre de

费马

Fermat，1601—1665)是 17 世纪时法国一个业余数学家，对于数学很有兴趣，他被公认为现代数论之父，因为他发现了数论许多美丽的定理。费马以为公式 $F_k = 2^{2^k} + 1$，在 $k = 0, 1, 2, 3, \cdots$ 都给出素数。

事实上 $F_0 = 3$，$F_1 = 5$，$F_2 = 17$，$F_3 = 257$，$F_4 = 65\,537$ 都是素数。在 1732 年欧拉(L. Euler)发现 F_5 有一个因子 641，所以 F_5 不是素数。目前我们知道的费马素数只是 F_0—F_4 这 5 个，是否还有其他费马素数？或者费马素数有限？这还是数学上未解决的问题。

高斯用代数方法解决了 2 000 多年来的几何难题，还找到正十七边形的直尺与圆规的作法。

他对这发现非常高兴，因此决定要一生研究数学。他曾对好友波尔约表示，希望死后墓碑上能刻上一个正十七边形，以纪念他少年时最重要的数学发现。

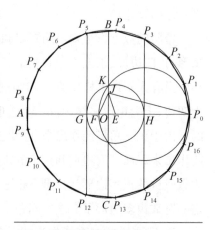

正十七边形的尺规作图法

在注明 1795 年 3 月 30 日的《科学日记》中，高斯写道："圆的分割定律，如何以几何方法将圆分成十七等分。"所谓《科学日记》是 1898 年偶然在高斯孙子的财产中发现的一本笔记，高斯在上面记录他的众多科学发现，并称之为 *Notizen journal*（日志录）。日记中简要记载着他自 1796 年至 1814 年间的共 146 条新发现或定理的证明，由于高斯的许多发现始终没有正式发表，这本日记成了判定高斯学术成就的重要依据。

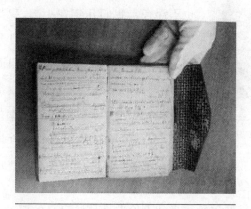

高斯1796—1814年的日记

高斯的好友法尔卡斯

法尔卡斯·波尔约（Farkas Wolfgang von Bolyai，1775—1856）是匈牙利特兰西瓦尼亚（Transylvania）贵族，也是位数学家，晚高斯一年进格丁根大学哲学系。他与高斯在天文学教授赛弗（Seyffer）家初次碰面。波尔约对基础数学有兴趣，便毫无忌惮地谈论数学，就这样引起高斯对他的兴趣。其后在另一次巧遇时，他们便结为好朋友了，高斯工作累了，就去波尔约居处休憩，而高斯往往不先发言，甚至于不讲话。

高斯给波尔约他算出正十七边形的笔记当作纪念。他对这位好友讲以后他的墓碑上就刻上正十七边形好了。他们也交换烟斗，每天在一定时间抽烟斗来想念对方。在高斯去世后，波尔约把这些东西寄去格丁根大学留存。

1840年，波尔约在回忆录中记述："……我认识了高斯，他那

法尔卡斯·波尔约

时候是格丁根大学的学生。我们一直都有友善的接触。我从来不跟他相比。他很谦虚，也不浮夸。我们几年在一起，我都没有看出他的伟大。很可惜，我不懂得打开这一本无言、无题的书本来翻阅。我不知道他懂得多少，他倒看清楚我，但高估了我，不认为我有多渺小。我们分享对数学的热爱与对道德的信念。我们时常在一起散步，各自浸淫在自己的思考中，几个小时不交谈一言。"这说明高斯生性内敛、封闭。

高斯也带波尔约徒步到不伦瑞克拜访自己的双亲。当高斯离席时，其母问波尔约她儿子能否成器？当波尔约告诉她高斯是欧洲第一等的数学家时，高斯的母亲听后高兴得热泪盈眶。

高斯与法尔卡斯·波尔约从 1797 年至 1853 年一直保持通信。

1800 年初，高斯对非欧几里得几何可能存在的问题开始发生兴趣。他在与法尔卡斯通信中讨论了这个话题，也在他与格林（Gerling）和舒马赫（Schumacher）的通信里长篇讨论。在 1816 年，他在一篇书评中讨论从其他欧几里得公理推导出平行公理，但是他相当含糊表示他相信非欧几里得几何的存在。高斯在给舒马赫的信中吐露，他相信如果他公开承认有这样一个几何的存在，他的声誉将遭受损坏。

法尔卡斯的儿子雅诺什·波尔约（János Bolyai）在 1829 年发现非欧几何，他的工作在 1832 年发表。1831 年法尔卡斯送书给高斯，其中有他儿子在非欧几里得几何问题上的工作。高斯回答："赞美他的意思是赞美自己，你儿子工作的全部内容……几乎在过去的 30 或 35 年中完全是我自己的冥想，已经占据了我的脑海。"

雅诺什认为高斯是"偷"了他的想法，高斯的这个声明把他们的关系弄僵。

但高斯的学生也是传记作者邓宁顿(G. Dunnington)在《科学巨人——高斯》中认为高斯在 1829 年之前已发现非欧几里得几何,但拒绝发表,因为他恐惧引发争议。同样,十年后,当他获悉罗巴切夫斯基在非欧几里得几何上的工作,他称赞其为"真正几何",而在 1846 年给舒马赫的一封信中指出:他"54 年前有相同的信念,已经知道非欧几里得几何的存在"。

可是那时他才 15 岁,我认为这似乎是不太可能。

费马和高斯的惊人发现

三角数是那些形如 $n(n + 1)/2$ 的数,例如:0,1,3,6,10,15。

费马证明了如下结果:

(1) 任何正整数,如果不是三角数则可以表示成 2 个或 3 个三角数的和。

(2) 任何正整数,如果不是平方数则可以表示成 2 个、3 个或 4 个平方数的和。

(3) 任何正整数,如果不是正五边形数,则可以表示成 2 个、3 个、4 个或 5 个正五边形数的和。

费马在 1654 年写给帕斯卡的信说这是他最重要的发现。

高斯长大后成为一个著名的数学家,但是他为什么会想献身于数学研究呢? 高斯在 1808 年谈到数学研究时说:"任何一个花过一点功夫研习数论的人,必然会感受到一种特别的激情与狂热。"

他在 19 岁时,有一天考虑把整数 30 剖分成三角数的和,他看到

$$30 = 1 + 1 + 28 = t_1 + t_1 + t_7$$
$$= 3 + 6 + 21 = t_2 + t_3 + t_6$$
$$= 0 + 15 + 15 = t_0 + t_5 + t_5$$
$$= 10 + 10 + 10 = t_4 + t_4 + t_4$$

他开始研究什么样的整数能表示成三角数的和，在 7 月 10 日的日记中他写下这样的东西：

"＊＊ EΨPHKA num＝△＋△＋△"

前面是希腊字"Eureka"（"我发现了！"），那是阿基米德发现浮力定律后，光着屁股从浴室跑出并喊出来的著名的话。

前面说过高斯的日记（1796—1814）直到 1898 年才被发现，人们发现他的日记里记载这短短几个字藏着他的密码："我发现了，所有的正整数都能表示为 3 个三角数的和。"

这是著名的定理，高斯独自发现了这个定理，从这天开始他决定以数学的研究为他的终生事业。

高斯的日记

高斯还证明下面的定理："如果 M 能表示成 3 个三角数的和，即 $M = t_A + t_B + t_C$，则 $8M + 3 = (2n_A + 1)^2 + (2n_B + 1)^2 + (2n_C + 1)^2$，反过来也是对的。"

高斯在 1792 至 1795 年在不伦瑞克的卡罗琳学院学习，然后在 1795 至 1798 年得到不伦瑞克公爵的资助到格丁根大学读书，后在 1798 年 9 月 28 日回到他的不伦瑞克父母那里，继续研究数学，可惜那里没有一个好的图书馆。

不伦瑞克附近有一个黑尔姆施泰特（Helmstedt）大学，1798年10月高斯在黑尔姆施泰特大学的数学教授约翰·弗里德里希·普法夫（Johann Friedrich Pfaff，1765—1825）家租了一个房间，这样他可以利用大学的图书馆查阅资料。图书馆管理员对高斯很友善，让他看他需要的书。他如此发奋，留在房间里不断地工作，其他人一天只有几个小时看见他。晚上学习后，他和普法夫教授散步，谈话的主题通常是数学。

黑尔姆施泰特大学和高斯的老师普法夫

1799年12月中旬，高斯再次回到黑尔姆施泰特，求学黑尔姆施泰特大学。高斯在1799年12月16日写给波尔约的信中说："我现在住在普法夫教授的家，他是一名出色的几何学家以及一个很好的男人和温暖的朋友，他有一个男人的天真童趣的性格，没有任何暴力情绪……"高斯以普法夫为博士论文导师，1799年高斯呈上他的博士论文，没有被要求口试就在7月16日很快被授予博士学位，当年高斯22岁。

高斯在黑尔姆施泰特大学的时候，大学面对倒闭的威胁。普法夫奋战几年防止这种情况出现，到 1810 年普法夫维持大学的尝试最终失败，大学被封闭。

高斯的博士论文和《算术研究》

高斯的博士论文证明了代数的一个重要的定理：任何复系数一元 n 次多项式方程在复数域上至少有一根（$n \geq 1$），由此推出，n 次复系数多项式方程在复数域内有且只有 n 个根（重根按重数计算）。这结果数学上称为"代数基本定理"（Fundamental theorem of algebra）。代数基本定理在代数乃至整个数学中起着基础作用。

事实上在高斯之前有许多数学家认为已给出了这个结果的证明，可是没有一个证明是严密的。第一个证明是法国数学家达朗贝尔给出的，但证明不完整。接着，欧拉（1707—1783）也给出了一个证明，但也有缺陷，拉格朗日于 1772 年又重新证明了该定理，后经高斯分析，证明仍然很不严格。高斯是第一个给出严密无误证明的数学家。

高斯认为这个定理很重要，在他一生中给了一共 4 个不同的证明，他 71 岁时公布第四个证法。

高斯在论文中是这样证明代数基本定理的：设 $f(z)$ 为 n 次复系数多项式，记 $z =$

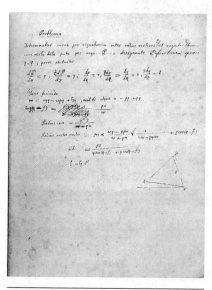

高斯的数学手稿

$x+y\mathrm{i}(x,\ y\in\mathrm{R})$，考虑方程：

$$f(x+y\mathrm{i})=u(x,\ y)+v(x,\ y)\mathrm{i}=0$$

即 $u(x,\ y)=0$ 与 $v(x,\ y)=0$

这里 $u(x,\ y)=0$ 与 $v(x,\ y)=0$ 分别表示坐标平面上的两条曲线 C_1,C_2，于是通过对曲线做定性的研究，他证明了这两条曲线必有一个交点 (a,b)，进而得出 $u(a,\ b)=v(a,\ b)=0$，即 $f(a+b\mathrm{i})=0$，因此 $z_0=a+b\mathrm{i}$ 便是方程 $f(z)=0$ 的一个根，这个论证具有高度的创造性，但从现代的标准看依然是不严格的，因为他依靠了曲线的图形，证明它们必然相交，而这些图形比较复杂，证明中隐含了很多需要验证的拓扑结论等，而这些拓扑结论直到一百多年后才被人证明。

高斯没有钱印刷他的学位论文，还好费迪南公爵给他钱印刷。他在博士论文和他的著作《算术研究》中，写下了情真意切的献词："献给费迪南公爵：您的仁慈，将我从所有烦恼中解放出来，使我能从事这种独特的研究。"

20 岁时高斯在他的日记上写道：他有许多数学想法出现在脑海中，由于时间不足，因此只能记录一小部分。幸亏他把研究的成果写成一本叫《算术研究》(*Disquistiones Arithmeticae*) 的书，并且在 24 岁时出版，这书是用拉丁文写的，原来有八章，由于钱不够，只好印七章。

这本书可以说是数论第一本有系统的著作，高斯第一次介绍"同余"(congruent) 这个概念，而且还有数论上很重要的高斯称为"数论的酵母"的"二次互反律"(Law of quadratic reciprocity)。这定理是描述一对素数的美丽关系，欧拉和勒让德知道这些关系，但没有法子证明。高斯在 18 岁时重新发现并给了第一个证明，他认为这是数论的"宝石"，一生给出了 5 个不同证明。

同余概念最早是由欧拉提出的，高斯则首次引进了同余的记

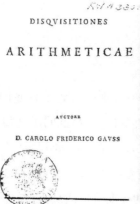

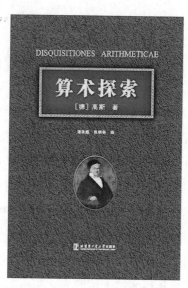

高斯的《算术研究》及其中译本《算术探索》

号"≡"并系统而又深入地阐述了同余式的理论，包括定义相同模的同余式运算、多项式同余式的基本定理的证明、对幂以及多项式的同余式的处理。19世纪20年代，他再次发展同余式理论，着重研究了可应用于高次同余式的互反律，继二次剩余之后，得出了三次和双二次剩余理论。此后，为了使这一理论更趋简单，他将复数引入数论，从而开创了复整数理论。

欧拉

该著七章内容如下：

第一章讨论一般的数的同余，并首次引进了同余记号。

第二章讨论一次同余方程，其中严格证明了算术基本定理。

第三章讨论幂的同余式，此章详细讨论了高次同余式。

第四章是"二次同余方程"，意义非同寻常，因为其中给出了二次互反律的证明。有人统计到 21 世纪初，二次互反律的证明已经超过 200 种，其中柯西、雅可比、狄利克雷、艾森斯坦、刘维尔、库默尔、克罗内克、戴德金、瓦莱-普桑、希尔伯特、弗罗贝尼乌斯、斯蒂尔切斯、M. 里斯、韦伊都给出了新证法，可见问题之重要。

第五章是"二次型与二次不定方程"。在这一章中关于二次型的特征的研究，标志着群特征标理论的肇始，使高斯成为群论的先驱者之一。

第六章把前面的理论应用到各种特殊情形，并引入了超越函数。

第七章是"分圆方程"，不少人认为此篇是《算术研究》的顶峰。

拉格朗日曾经悲观地以为"矿源已经挖尽"，数学正濒临绝境，但当他看完《算术研究》后兴奋地看到了希望的曙光。这位 68 岁高龄的老人致信高斯表示由衷的祝贺："您的《算术研究》已立刻使您成为第一流的数学家。我认为，最后一章包含了最优美的分析的发现。为寻找这一发现，人们作了长时间的探索……相信我，没有人比我更真诚地为您的成就欢呼。"高斯 22 岁获博士学位，25 岁当选圣彼得堡科学院外籍院士，30 岁任格丁根大学数学教授兼天文台台长。

我很高兴这本《算术研究》200 年后由潘承彪和张明尧二位教授翻译成中文，2012 年由哈尔滨工业大学出版社出版。潘教授说他参考了拉丁文版(1801)、法文版(1807)和俄文(1959)版，整项工程延续近十年。这书的中译名为《算术探索》。

高斯《算术研究》中的一页

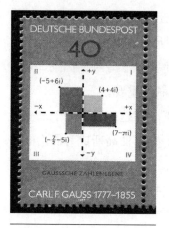

高斯的复数平面　　　　高斯开创了复整数理论

在天文学上的卓越贡献

24岁开始，高斯放弃纯数学的研究，几年专心搞天文学。高斯曾在给法尔卡斯的信中说，天文学和纯粹数学是他灵魂的指南针永久指向的两极。许多朋友认为他是在浪费他的才能，可是他们哪里知道高斯不能在大学找到工作，而他又不愿意永远靠费迪南公爵的恩赐过日子，因此他选择报酬不错而且比较稳定的职业，成为专业天文学家。

他最初研究月球的运转规律，他的方法和公式与欧拉的不同。可是后来有一件事吸引他的注意，因此显示出他的才华来。

原来在1776年，一个德国数学家提丢斯（J. Titius）发现了太阳和行星距离的经验规则。先让我们考察数列0，3，6，12，24，48，96，192，…它有这样的规律：从第三项开始，以后的每项是前面的数的两倍。然后把这数列每项逐项加上4，我们得到数列4，7，10，16，28，52，100，196，…

提丢斯和天文学家波得(J. Bode)发现这一系列数接近水星、金星、地球、火星、木星、土星到太阳的距离的比。可是在位置 28 的地方却没有对应行星。

到了 1781 年，英国天文学家威廉·赫歇尔(W. Herschel)发现了天王星位置在 196 的地方。因此根据提丢斯—波得定则，人们猜测在 28 的地方应该有些星还未被发现。

格丁根天文台

1801 年 1 月 1 日，即 19 世纪的第一天晚上，意大利巴勒莫的天文学家皮亚齐(Joseph Piazzi)发现在 28 的位置有一颗新星，它被命名为"谷神星"(Ceres)，现在我们知道它是在火星和木星之间的几千颗小行星组成的小行星带(Asteroid belt)中的一颗小行星。可是当时欧洲天文学家之间意见分歧不一，有人说这是行星，有人认为这是彗星。当时仍需要许多观测数据才能确认，皮亚齐一连追踪观察 41 天，终因疲劳过度而累倒了，未能继续观测，他将资料公布于世，希望其他学者们一起寻找。

必须继续对这颗新星观察才能判决，可是当人们想要观察时，这个天体却已经移动到太阳后面，没入阳光之中无法观

皮亚齐

中年的高斯

测，杳然失去踪影找不到它了。

如果能知道这颗星的轨道就好办了。可是一开始人们并不知道它的轨道是圆，还是椭圆或是抛物线，决定它的实际轨道是个很困难的问题。在这颗新行星发现后的 6 个月，天文学家还不能确定它的轨道是什么样子。

高斯这时对这个问题产生兴趣，他决定解决这个捉摸不到的星体轨迹的问题，由于用以前的天文学家的方法来找太麻烦，高斯自己独创了只需要 3 次观察就可以用来计算星球椭圆轨道的方法，这就是他发明的最小二乘法，他可以极准确地预测行星的位置。人们利用他的方法去算，使用皮亚齐观测数据中 3 次完整的数据，和几个星期的时间，预测出它的轨道路径，果然准确无误地找到谷神星所在的位置！当年的最后一天 12 月 31 日，天文学家从高斯的预测位置里找回了谷神星。

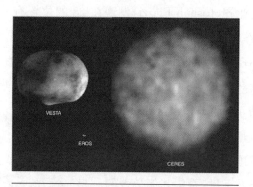

谷神星（右）

1802 年人们又用他的方法准确地找到小行星二号——智神星（Pallas）——的位置，而且人们利用他所发明的方法可以计算彗星的轨道，只需要一两小时的时间，而旧的方法却需要三四天才能完成。高斯在计算智神星时，必须算出约 33.7 万个数字，他 1 天计算 3 300 个数字，共花了 100 多天的时间。在 3 个多月的时间内，共记录下 4 000 个左右的计算结果。

高斯这时的名声远传国外，他的数学才能没有一个天文学家和数学家能匹敌。这时荣誉纷至沓来，俄国圣彼得堡科学院选他为院士。1807 年，沙皇提供高斯俄罗斯圣彼得堡科学院教授的位置，但他拒绝了。因为高斯觉得作为教授会影响他的研究。他的愿望是获得天文台天文学家的职位，这样他就可以把他所有的时间为科学的进步工作。

当这消息传到费迪南公爵的耳朵，他觉得不能让本国的人才跑到俄国去工作，于是主动提高给高斯的年资助额，并且保证在不伦瑞克建一个天文台给他。

洪堡（Alexander von Hombolt，1769—1859）是德国伟大的天才和冒险家，在巴黎他问拉普拉斯谁是当时德国最伟大的数学家？拉普拉斯回答说："普法夫。"普法夫是高斯的导师。洪堡反驳说："不是高斯吗？"拉普拉斯说："哦，是的，普法夫在德国是最伟大的数学家，但高斯是欧洲最伟大的数学家。"

1806 年 12 月 2 日高斯的守护神费迪南公爵在抗击拿破仑军队的奥斯特利茨战役中受伤严重，不久过世。公爵的去世让高斯失去经济支持。洪堡建议格丁根大学聘请高斯为格丁根天文台的台长。格丁根大学是一个很好的地方，也许有点远离权力中心，但拥有良好的学术风气，有利于爱孤独的高斯开展科学研究。最后高斯在这里度过他的余生，他在那里工作 47 年，除了科学的业务很少离开这座城市，直到他的去世。

高斯把他的研究方法以及关于星球的摄动（perturbation）理论写在《天体运动理论》一书里。

从 1821 到 1823 年，高斯用他在 1794—1795 年发明的最小二乘法这种基本数学方法来处理一些观察数据。而且为了解天体运

高斯计算谷神星轨道

动的微分方程，他考虑无穷级数，并且研究级数收敛的问题。在 1812 年他研究超几何级数（hypergeometric series），并且把研究结果写成专题论文呈给格丁根的皇家科学院，在数学上这是很重要的工作。

高斯后来成为格丁根的天文台台长，他有一个助手是光学仪器商，这助手的职务之一是带一些访客参观天文台，并作通俗讲解，以及让他们用望远镜看看天象。有一次一位女观众问这助手：地球和金星的距离是多远？他回答："我不能告诉您，夫人！高斯先生负责天空上的数学，而我只注意天空的美丽。"

格丁根天文台高斯的家

事实上，高斯的计算能力是惊人的，在没有计算机帮助的情况下，他有时需要算到小数点后 20 多位数。而且后来人们发现他的计算很少有错误。高斯说："我对数学上复杂的运算总是爱不释手，只要我认为是一件有意义的事，值得向人们推荐，我都愿意竭尽全力去完成，哪怕是钻牛角尖。"

比方说，天文学上有一个基本单位高斯常数 k，它在天体力学的"二体问题"的公式中出现：

$$k^2 (m_\mathrm{S} + m_\mathrm{E} + m_\mathrm{L}) = \frac{4\pi^2 a^3}{P^2}$$

高斯在格丁根天文台

这里 m_S，m_E，m_L 分别是太阳、地球、月球的质量，P 是月地系统上沿其椭圆轨道绕日运动的周期，a 是以上轨道半长轴的长，π 是圆周率。高斯准确地算出 $k = 0.017\ 202\ 098\ 95$。

高斯在一篇题目很长（开头是"确定行星对任意点的引力……"）的论文中以及一些手稿中，继牛顿和拉普拉斯创立天体摄动学说后，提出了一种分析摄动问题的具体模型，即将行星质量假想为按一定方式分布于整个运行轨道上，据此计算星体间的互相影响，探讨了长年摄动问题，对摄动理论做出了基础性贡献。

在测地学和电磁学上的贡献

从 1818 至 1826 年间，高斯为了测绘汉诺威公国的地图，开始搞测地的工作。他发明的以最小二乘法为基础的测量平差的方法和求解线性方程组的方法，显著地提高了测量的精度。出于对实际应用的兴趣，他发明了日光反射仪，可以将光束反射至大约 450 公里外的地方。高斯后来不止一次地为原先的设计做出改进，试制成功被广泛应用于大地测量的镜式六分仪。

高斯做测绘工作时，经常感到沮丧：仪器故障、佣工的慵懒、天气炎热和其他障碍干扰了有序的工作。有时一棵树站在三角点之间的视线上干扰直达线路。还有一个问题：短程工作需要无尽的数字运算。高斯估计，在他的生活中，其中很大一部分是在汉诺威的调查过程中，他已经进行了超过 100 万次的计算。

高斯在做大地测量时必须使用到的工具——六分仪

他写了关于测地学的书，由于测量时的需要，他发明了日观测仪，也称回光仪（heliotrope）。

他测量格丁根的阿多那（Altona）的子午线。高斯亲自参加野外测量工作。他白天观测，夜晚计算。五六年间，经他亲自计算过的大地测量数据超过 100 万个。当高斯领导的三角测量外场观测已走上正轨后，高斯就把主要精力转移到处理观测成果的计算上来，并写出了近 20 篇对现代大地测量学具有重大意义的论文。在这些论文中，推导了由椭圆面向圆球面投影时的公式，并做出了详细证明，这套理论在今天仍有应用价值。

为了对地球表面做研究，他开始研究一些曲面的几何性质。发明日光反射仪要解决如何用椭圆在球面上的正形投影理论解决大地测量问题，高斯亦在这段时间从事曲面和投影的理论，这成了微分几何的重要基础。

在 1827 年高斯写了《曲面的一般研究》，全面系统地阐述了空间曲面的微分几何学，并提出内蕴曲面理论。高斯的曲面理论后

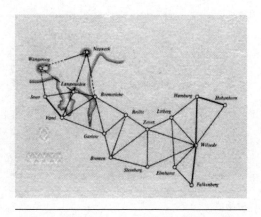

德国马克反面右下角的小地图，就是高斯利用
三角测量法丈量过的土地

来由黎曼发展。现在大学念的微分几何有大部分的材料是源自高斯的发现。

早在 16 世纪时英国物理学家威廉·吉尔伯特（W. Gilbert）认为地球本身是一个大磁体。在 1803 年时高斯开始对地磁现象产生兴趣。他的朋友、著名的探险家及业余科学家洪堡曾经请求高斯对磁的现象做数学研究。可是高斯忙于其他问题，没有时间从事这方面的工作。

1828 年高斯看到洪堡收集的关于磁的实验仪器，被它们深深吸引住。第二年一个比利时科学家来拜访高斯，并和他一起做几个磁学实验，这时高斯对磁的兴趣被激发起来了。

他发明了磁强计（magnetometer），解决了怎样在地表任何地点测量地球磁场强度的问题。在一年后他写了一本小书谈测量磁强问题，并且把磁的所有测量分解为现在物理的 3 个基本单位：长度、质量和时间。

从 1830 到 1840 年这段期间，高斯和一个比他小 27 岁的年轻物理学家韦伯（Withelm Weber）一起合作从事研究。他们的合作是很理想的：韦伯是一个实验家，高斯是一个理论家，韦伯引起高

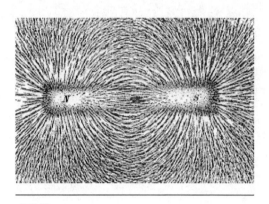

磁场线

斯对物理问题产生兴趣，而高斯用数学工具处理物理问题，影响韦伯的思考及工作方法。

地球磁场

1833 年高斯从他的天文台拉了一条长八千英尺的电线，跨过许多人家的屋顶，一直到韦伯的实验室，以伏特电池为电源，构造了世界上第一个电报机。高斯和韦伯在 1833—1845 年间常用这部电报机在天文台和物理实验室间互通短小的信息。电报机于 1845 年毁于雷击。高斯认识到电报在战争及经济活动中的重要性，曾建议政府广泛使用，但未获成功。

许多因无知而产生偏见的人嘲笑他们的工作，说他们费时费钱搞这些没有用的玩意儿。火车在 1830 年出现时也一样受到许多保守的人的攻击。韦伯在 1835 年就预言："当地球被铺上铁路网和电报电线网，这些网络提供的服务就好像人体的神经系统，一方面是运输，一方面是把思想和感觉以光的速度传播。"这的确是真知灼见。

1835 年高斯在天文台里设立磁观测站，并且组织"磁协会"发表研究结果，引起世界广大地区的人们对地磁做研究和测量。

高斯已经得到了地磁的准确理论，他为了获得实验数据的证明，他的书《地磁的一般理论》拖到 1839 年才发表。1840 年他和韦伯画出了世界第一张地球磁场图，而且定出了地球磁南极和磁北极的位置。

1841 年两个美国科学家确证高斯地磁理论的正确性。他们找出了磁南极和磁北极的确切位置，和高斯用理论推算的地方相差几度而已。可以想象高斯是多么的高兴。

高斯在 1834 到 1840 年写的《关于作用和距离的平方成反比的力》一文里给出了势论（potential theory）的基本理论。

KARL FRIEDRICH GAUSS

Astronomer, mathematician and electrical experimenter. The discoverer of the Gauss theorem in the mathematics of electricity. With Weber, he constructed an electric telegraph and extended data on terrestrial magnetism.

高斯（右）和韦伯雕像

高斯的婚姻

高斯 28 岁时，爱上一个名叫约翰娜·奥斯特霍夫（Johanna

Osthoff）的女人。她是一个皮匠的女儿,她的家人一直与高斯的母亲关系良好。

高斯从孩子时已经知道她,高斯很爱约翰娜,他曾经花两年的时间写信追求她,他太害羞没有勇气在他所爱的人面前表示爱意。

约翰娜很聪明,有甜蜜的笑,文静美貌,心地善良,并没有受过良好的教育。高斯在给朋友的信中列举了他公正观察到的他的新娘的品格："有些'品质'是像约翰娜美丽的容颜,宁静和健康的一面镜子,浪漫会说话的眼睛,和一个完美的身影。另一种是一个开放的心态和一个多才多艺的说话方式。但最好的是安静和开朗,温和纯净的灵魂——不伤害任何生物。"

1805年10月9日他和约翰娜结婚,并开始了他生活中最快乐的时期。高斯在给法尔卡斯·波尔约的信中写道："生命在我看来好像春天带着它的闪亮颜色来到了。"一种喜悦的心情表露无遗。

5年来,高斯是真正的幸福。他的妻子给他生了两个孩子,一个男孩约瑟夫,和一个女孩威廉明娜,他高兴地看着自己成为骄傲的父亲。他在写给法尔卡斯的信中说："在家中的小天地里,幸福的时光不断给我带来欢乐。比如女婴长了一颗新牙,或者儿子新学的单词,都好像是发现了一颗新恒星和推导出一条新定理一样,令人兴高采烈。"

可是妻子不幸在结婚5年生出第二个男孩后不久就在1809年10月11日病逝了,留下3个儿女。

据说在她病重时,高斯正研究很深奥的问题。仆人匆匆忙忙告诉他,夫人病得愈来愈重了。高斯好像听到,可是他却继续工作。过了不久,仆人又跑来说,夫人病很重,要求高斯立即去看她,高斯回答："我就来!"可是仍旧坐在那里沉思。仆人第三次再来通知高斯："夫人快死了,如果您不马上过去,就不能看到她生前的最后一面了!"高斯抬头冷静地回答："叫她等一下,等到我过去。"

纯粹的数学家有某些特定的缺点，但不是由于数学导致的，因为其他职业也同样如此。这种心无旁骛的工作精神真是常人少有的。当然，他的妻子去世给他的打击很大。高斯悲痛欲绝。在一封伤心的信中，他对他的朋友威廉·奥伯斯（Wilhelm Olbers）描述他如何合上约翰娜天使般的眼睛，"我五年前已经找到了天堂，过着愉快的普通家庭生活，幸福的时光十分短暂，可惜现在丢失了。"他乞求他的朋友收留他几个星期，让他积攒新的力量，以后能够照顾他的 3 个小孩子，"我的生命从现在开始属于家人"。几个月后，小宝宝路易斯（Louis）也死了。

对于高斯，约翰娜已经是可以想象的最好的妻子，没有人能够取代她。约翰娜最好的朋友威廉明妮（Friederica Wilhelmine，1788—1831），是格丁根一位法学教授的女儿，比高斯小 11 岁，她也许会是一个可以接受的配偶？

高斯试图向威廉明妮求婚，即使高斯试图取得威廉明妮真正和倾心的注意，他的信件也是用不自然的、形式的语调："我带着一颗悸动的心写这封信。我一生的幸福依赖于它……"

威廉明妮哀悼约翰娜的去世，同情这位鳏夫要照顾留下的两个年幼的孩子，明妮答应了高斯的求婚。不幸的是高斯心中显然不对威廉明妮有多少爱，高斯在婚礼之前对明妮坦白，她只会得到他的心的一半，因为另一半将永远属于约翰娜，但 50% 是可以接受的。体弱多病有点歇斯底里的明妮同意了这门亲事。明妮是一个过于敏感和容易激动的女性，性格不如约翰娜那么温柔体贴。婚后，他们由于性格不同，生活偶尔也不够和谐，但她是一个相当贤惠的女人，能了解高斯工作的重要，并且对前妻的子女视如己出一样地爱护。

高斯的第二任夫人

在接下来的 6 年，她为丈夫生下两个男孩尤金和威廉，以及女儿特蕾泽。但后来她失去了健康，多年来卧床不起。经过 20 多年的婚姻，明妮因患肺结核于 1831 年 9 月 12 日去世。

高斯在婚姻上还算是幸运的。

高斯的生活及工作态度

高斯对自己的工作精益求精，治学严谨。他一生共发表论著155 篇，只是把他自己认为是十分成熟的作品发表出来。他自己曾说："宁可发表少，但发表的东西一定要是成熟的成果。"

高斯留给儿子一枚徽章，底下的拉丁文"Pauca sed Matura"（英文是 Few，but ripe）是他的座右铭"不多，但成熟"，也是高斯的数学工作目标。

高斯的好朋友瓦尔特斯豪森（Waltershausen）说："高斯时常努力去检查其作品，直到合乎他意的形式为止，他常说一个美好的建筑物完成时，是看不到建筑时所用的台架的。"

经过这样的努力所得的成果确实是完美无缺的，但却是不易理解的，因为在演算中为达到既定目标所循的步骤被略去了，人们欲了解他的思路变得十分艰难。雅可比（C. G. Jacobi, 1804—1851）说："高斯的证明既硬且冰，你想知道他的证明需先将他的证法融化。"挪威数学家阿贝尔（N. Abel, 1802—1829）批评他："高斯像一只狐狸，用尾巴抹去地上的痕迹。"

高斯留给儿子的徽章

集合论的创始人康托尔（George Cantor）这样评价道："《算术研究》是数论的宪章。高斯总是迟迟不肯发表他的著作,这给科学带来的好处是,他付印的著作在今天仍然像第一次出版时一样正确和重要,他的出版物就是法典。比人类其他法典更高明,因为不论何时何地从未发觉出其中有任何一处毛病,这就可以理解高斯暮年谈到他青年时代第一部巨著时说的话:'《算术研究》是历史的财富。'他当时的得意心情是颇有道理的。"

由于他的座右铭"不多,但成熟",高斯有一些已经完成的工作没有公布,因为他认为它们是不完整的。这些未公布的作品涉及复变函数、非欧几里得几何、物理学的数学基础等领域。这些想法后来其他的数学家也发现了。高斯有求知的热情,虽然他没有获得因这些特殊发现而给予的奖励,追求这样的研究是为了自身寻找真相的乐趣。高斯可能是有史以来最伟大的数学家。

1811年8月22日出现了所谓的大彗星。高斯再次计算出它的轨道,并再次证实了他的研究结果。

在此期间,高斯悄悄地征服了自己的数学王国。高斯在1811年发现复变解析函数的基本定理,他传达给他的朋友法尔卡斯·波尔约,然后没有进一步发展。后来柯西(A. Cauchy)和魏尔斯特拉斯(K. Weierstrass)重新发现这些成果。在高斯的时代,几乎找不到什么人能够分享他的想法。每当他发现新的理论时,他要寂寞孤独工作,没有人可以讨论。

高斯是完美主义者,他从来不是个多产作家,他拒绝发布他不认为完整和无可指责的作品,高斯过分谨慎,有许多成果没有公开发表。

高斯的大理石像

他说："你知道，我写得慢。这主要是因为我从来没有满足，直到我已经尽可能地说了几句话，要书写简洁比写得冗长需要更多的时间。"

许多与他同时代的数学家和朋友要他不要太认真，把结果写下来发表，这对数学的促进是很有帮助的。但是这方面他不会退让，他要他的工作无瑕地出现在众人之前。

有一天高斯在格丁根的街道上走，迎面蹒跚地走来了一个大学生，他是喝得那么醉，还没有到高斯跟前就摔倒。高斯赶快扶起他，并对他说："年轻人，我希望科学能像我们格丁根的好啤酒那样使你沉醉。"的确他一生对己严待人宽，但对那些掩饰自己的无知、知错而不承认错的人，他则是非常的嫌恶和鄙视。

1809年，高斯的第二本巨著《天体沿圆锥曲线绕日运动的理论》一书正式出版。这部书最初是用德文写的，但是出版商为追求利润，希望高斯用拉丁文写。为了不使这部书夭折，高斯用拉丁文改写了此书。在这部书中，他首先公布了最小二乘法原理的应用，并阐述了在各种观测情况下，如何计算圆锥曲线轨道的方法和摄动理论。系统的论述和严谨的证明使这本书成为天文学中的优秀著作。鉴于高斯研究行星轨道及其摄动方面的重大成就和这本著作的出版，法国巴黎科学院在1810年授予高斯的这些成就以"优秀著作和最佳天文观测"的荣誉称号，同时颁发巨额奖金。然而，就是这本给高斯带来荣誉的巨著，同时也给他带来了烦恼。

高斯在这部书中提到他早在1794年就发明了最小二乘法，这件事引起了当时法国数学家勒让德（Adrien-Marie Legendre，1752—1833）的不满。勒让德在1806年《决定彗星轨道的新方法》中提出了最小二乘法。勒让德当即给高斯写信，希望高斯不要掠人之美。高斯表现得十分平静，他不愿意为这件事动肝火。

他在写给朋友奥伯斯的信中说："似乎我的命运就是如此——

我所有的理论著作都与勒让德发生了冲突。比如，高等算术（数论）、有关椭圆弧长的超越函数的研究和几何基础，而现在又在这里，我在 1794 年所应用的原理，就是为了用最简的方法求得一些绝对不可知的真值，而令误差平方之和为最小，这一原理也同样应用于勒让德的著作中，其中阐述得十分有根有据。"这场风波由于高斯的不申辩而宣告平息，高斯付出了高昂的代价，把非欧几何学和最小二乘法的发明权让给了罗巴切夫斯基、波尔约和勒让德，这在很大程度上表现了高斯不贪图名利。

高斯的生活很简朴，他并不是太注意物质的享受。他的一个好朋友瓦尔特斯豪森描述他的生活："就像他年轻时一样，高斯从老直到去世还是那个简朴的高斯。一个小工作室，一张有绿色桌布的小桌子，一张漆白色的直立书桌，一张狭沙发，在他 70 岁后才增添一张扶椅，不明亮的灯，没有温暖设备的睡房，平淡的食物，一条睡袍及紫色的睡帽，这就是他全部需要的东西。"

高斯不喜欢教学，教授的学生不多，不热衷于培养和发现年轻人。戴德金（R. Dedekind，1831—1916）在高斯去世 50 年后描绘高斯上课的情形："师生们围着一张方桌坐着。高斯不让学生记笔记，要他们专心听讲。高斯很自在，清楚地讲课。当他要强调某件事时他会以他那清澈的蓝眼睛盯着靠近他坐着的学

高斯最后的博士生戴德金

生讲。要写数学公式时他会站起来在他背后的黑板上用他那美丽的字体不占地方地写下来。如有得仔细推算的例子，他会带来写着相同数据的小字条。"

不从事数学或科学工作时，高斯就广泛地阅读当代的欧洲文学和古代文学作品。由于他对学习外语很有兴趣，因此他能阅读外国的原著。他 62 岁时学习俄文并在极短时间内达到可以用俄

文写作的程度。

莎士比亚的悲剧他不太喜欢，因为读了时常令他痛苦。

司各脱的小说他倒喜爱，他常常把作者不符合科学实际的描述加以改正。

他喜爱爱德华·吉本（Edward Gibbon）的历史书《罗马帝国的衰落与覆灭》，文字很优美，阅读时把人们的想象引进古代社会里去。

他不喜欢拜伦的诗歌，听说这是个好酒与沉迷女色的人，唉！年轻人怎么能这样浪费青春和生命？

他也读与他同时代的歌德及席勒的作品，两个人他都不满意。他觉得歌德写的作品并不太吸引人。很可惜他与歌德没有见过面。

老年的高斯

他不喜欢席勒的那种带社会主义的哲学思想，虽然他的诗歌有些写得还不算坏。高斯在席勒的诗集上写道："腐败的诗歌！"

他对世界政治很感兴趣，每天最少花一小时在博物馆里看所有的报纸，从英国的《泰晤士报》到格丁根的当地报刊。高斯的政治观点保守，但是他认为报刊及政府的报告有许多是骗人的东西，每天他仍阅读，自己判断，然后得到结论，他认为这比去外面旅行、到处奔波还要有趣味。高斯习惯从报刊、书籍和日常的观察中收集各种统计数据。据说这一习惯对他从事投资活动（主要是买债券，包括德国以外发行的债券）大有裨益。通过简朴的生活和债券投资，他每年的工资 1 000 塔勒（thaler），到他去世后积累成了 153 000 塔勒的遗产，另有 18 000 塔勒被发现藏匿在他的私人文件里。他身后留下的财产几乎等于其年薪的 200 倍，这说明他是个理财的好手。

他很喜欢学新的语言，认为这有助于使他的思想变年轻。在 62 岁的时候，他在没有任何人帮助的情况下自学俄文。在两年之内他能顺利地读俄国作家和诗人的散文、诗歌及小说，而且可以和俄国圣彼得堡的科学工作者用俄文通信。后

歌德

来一些从俄国来的科学家拜访他，发现他讲的俄语还算相当标准。

他后来也学梵文，但发现太枯燥而放弃。

1848 年，高斯写信给他最亲密的朋友说："我经历的生活，虽然像一条彩带飞舞过整个世界，但也有其痛苦的一面。这种感受到了年迈的时候更是不能自持，我乐于承认，如果换一个人来过我的生活的话，也许会快乐得多。另一方面，这更使我体会到生命的空虚，每一个接近生命尽头的人，都一定会有这种感觉……"他又说："有些问题，如果能解答的话，我认为比解答数学问题更有超然的价值，比如有关人类和神的关系，我们的归宿，我们的将来等。这些问题的解答，远超出我们能力之所及，也非科学的范围内能够做到。"

高斯厌恶教学，和青年数学家缺少接触，缺乏思想交流，因此在周围没能形成一个人才济济、思想活跃的学派。雅可比在格丁根大学参加 1849 年 7 月 16 日纪念高斯获博士学位 50 周年大会后说，跟高斯谈数学问题时，他高不可攀，总是冷若冰霜，把话题岔开而谈些无聊的事。

在给他兄弟谈到这次大会的一封信中，雅可比写道，"你要知道，在这二十年里，他（高斯）从未提及我和狄利克雷……"

雅可比 　　　　　狄利克雷

在高斯获得博士学位 50 周年庆祝会上，有一个程序，高斯准备用《算术研究》的一张原稿点烟，当时在场的数学家狄利克雷(P. Dirichlet)（是高斯得意弟子，后来继承了高斯的职位），像见到渎圣行为一样吃了一惊，他立刻冲过去从高斯手中抢下这一页纸，并一生珍藏它。他的著作编辑者在他死后从他的论文中找到了这张原稿。狄利克雷深入钻研《算术研究》，1863 年他为研读还专门写了《数论讲义》一书，对《算术研究》做了明晰的阐释。正是由于他对《算术研究》的详细注释，此书才得以为广大数学家理解。

高斯的子女

高斯有 6 个孩子。与妻子约翰娜生的孩子分别是约瑟夫(Joseph，1806—1873)、威廉明娜(Wilhelmina，1808—1846)和路易斯(Louis，1809—1810)。与他的第二个妻子明妮也有 3 个孩子：尤金(Eugene，1811—1896)、威廉(Wilhelm，1813—1879)和

特蕾泽(Therese，1816—1864)。

大儿子约瑟夫以意大利天文学家皮亚齐的名命名，上短期大学，从事父亲曾在汉诺威做过的土地测量工作。他后来成为军官，1836年到美国研究造火车，返国后任汉诺威铁路的主管。他的面貌和性情非常像父亲。1854年6月16日，高斯第一次离开了他生活超过20年的格丁根，去看约瑟夫正在建设的卡塞尔和格丁根之间的铁路。

高斯在他去世前一年，即1854年写的遗嘱，在财产分配方面对约瑟夫做了特殊规定："我的大儿子可以选择我的书30卷作为一个特殊的纪念品。他的教育成本没有他的弟弟那么多。"

在他的6个孩子中，尤金在选择学业上跟高斯意见相悖。尤金是高斯所有孩子中最富语言和数学才能的一个，他想选读科学方面的学科，但终拗不过父亲的威严，不得不进大学读法律；于是在大学他常放纵自己赌博和饮酒。时因赌博而负债，高斯拒绝支付由他所举办的派对的费用，尤金无法容忍父亲的霸道，最终导致他离家出走，准备远渡重洋去美国。高斯劝他回来，但同时告诉他，已给他带来了行李并提供资金，用于他去美国的旅程。尤金下定决心离家远渡重洋到新的世界，以寻求他的财富。

尤金离家发生在1831年，同一年，高斯的妻子明妮长期患病后去世。在那年11月，高斯写信给朋友："这没出息的在美国使我非常的伤心难过，让我的名字蒙羞。"

尤金抵达费城，没有钱，没有前景，他参加了美国军队。一次尤金的部队驻扎在斯内林堡，指挥员了解到尤金·高斯能讲流利的法语，开始用他作为一个翻译，与通过区域内的法国旅客打交道。最后，他负责邮政工作。从部队退役后，他曾在美国皮草公司工作，在美国中西部威斯康星州、伊利诺伊州和密苏里州活动。他在印第安人地区学会了讲流利的Souix印第安人的语言，并把圣经译成印第安文字。显然，他继承了他父亲的语言天赋。后来他建立银行，成为银行家。

1877年布雷默尔奉汉诺威王之命为高斯做一个纪念奖章。上面刻着："汉诺威王V.乔治献给数学王子高斯。"这个金质奖章由尤金领取，但他对父亲一直有叛逆情结。他几乎烧毁所有高斯给他的信，甚至于——他分得的父亲遗物——汉诺威王颁给父亲的金质奖章，也被熔化制成金边眼镜框来使用。

尤金的儿子罗伯特，也就是高斯的孙子，在1912写给另一位德国数学家克莱因（Felix Klein）的信里抱怨说，世人以及高斯传记的编纂者把他父亲形容成数学的逃兵非常不公平。"家父显然是祖父的孩子中继承最多数学天分的，他是个拥有智识品味的人。尽管没有念完大学就到美国来了，但家父非常喜欢阅读，有自己的私人图书馆藏。"

据尤金的另一个儿子查尔斯·亨利说："祖父没有想要他的儿子去搞数学，他说，他不认为他们会超越他，他不想他的名字蒙羞。也许他觉得做任何其他科学研究也一样。"

"我的父亲成为木材商人后，还是经常思考数学问题……仅仅只是际遇，使他没有走入纯粹科学的领域。"尤金放弃饮酒，并在以后的生活中找到了宗教，作为一名好的基督徒和基督徒家庭成员被人记住。他晚年失明，但保留了他的心智。查尔斯·亨利回忆说，当尤金80多岁时，不用笔可以在他的头脑中能做大数的计算。

第五个孩子即儿子威廉（Wilhelm，1813—1879）热衷务农，这在父亲眼里是无前途的职业，因此也与他的父亲发生争吵。因在德国生活不如意，他于1832年征得高斯的同意，携妻去了北美，定居在密苏里州新不伦瑞克镇附近，具有讽刺意味的是这和德国高斯家乡不伦瑞克同名。从一开始他做些农业工作，后来改做鞋子，在圣路易斯建立了相当富有的制鞋企业，父子再也未见面。

尤金有4个儿子，威廉也有4个儿子，还有一个女儿。这些高斯的孙子大多数在密苏里州或科罗拉多州，但随后的几代人已经散居到美国各地的许多地方。许多在德国的高斯的直系后裔没有幸存下来，但他的家人似乎是在美国蓬勃发展。

1808年2月29日，约翰娜为高斯生了个女儿威廉明娜，女儿长得十分可爱，深受高斯喜爱。她的样貌和性格像约翰娜，后来嫁给格丁根大学神学与东方语文系海因里希·埃瓦尔德（Heinrich Ewald）教授。

特雷泽是高斯的小女儿，她在外表和性格上很像她的母亲明妮。母亲去世时她才15岁，但是却挑起了全部家务重担。她很爱她的父亲高斯。高斯晚年时，她始终形影不离地伴随着他，为照顾年迈的父亲献出了她的青春。特蕾泽成了老年高斯的巨大精神支柱。父亲去世后她和一个演员结婚。

照顾晚年高斯的女儿特蕾泽

数学王子去世

许多朋友赞美高斯在数学领域中的成就是巨大的，高斯回答："如果别人思考数学的真理像我一样深入持久，他也会找到我的发现。"为了证明自己的结论，有一次他指着《算术研究》第633页上一个问题动情地说："别人都说我是天才，别信它！你看这个问题只占短短几行，却使我整整花了4年时间。4年来我几乎没有一个星期不在考虑它的符号问题。"

在他漫长的一生中，他几乎在数学的每个领域都有开创性的工作。高斯治学的态度正如他去世前在自己的肖像下工工整整地写下的莎士比亚《李尔王》中的一段格言一样：

"您，大自然，是我的女神，

我在您的规律约束下服务。"

("Thou，Nature，art my goddess；to thy laws My services are bound.")

高斯晚年特别珍惜时间，很少参加宴会，基本谢绝了一切应酬，尽量不在公共场合露面，大部分时间都在书房中度过。散步是他的一项活动，每天他总是从天文台走到图书馆，在图书馆里花一小时阅读报刊。1854年1月，高斯经全面体检被诊断心脏已扩大，将不久于人世。8月病情恶化，下肢水肿，不能行走，

高斯1855年2月23日清晨在睡眠中去世

1855年2月23日高斯因心脏病逝世。

高斯的葬礼有政府和大学的高级官员出席，他的女婿在悼词中赞扬高斯是难得的、无与伦比的天才。送葬抬棺者中有24岁的戴德金，他是高斯最后的博士学生。

高斯的大脑

1855年2月23日高斯逝世，他的大脑在5位格丁根大学教授作为见证人的情况下被保存于格丁根大学，其中一位见证人是生理学和生物学家瓦格纳（Rudolph Wagner），由他对高斯和其他一些人的大脑做对比研究。1860年，瓦格纳发表了他对许多名人和一般人大脑研究的论文——《作为灵魂器官的人脑的科学形态学和生理学之初步研究》。

这项研究的核心是对 964 个大脑进行了对比研究，并列表比较。在这 964 个大脑中不仅有大名鼎鼎的高斯，还有另外 8 名属于世界级精英的大脑，包括拜伦、迪皮特朗、居维叶和格丁根大学的另 5 位教授，当然也包括一些普通人，如工人、洗衣妇、普通市民和农民等。

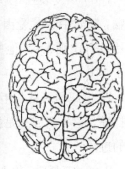

高斯的大脑

对于大脑重量是否与天才有关，瓦格纳持怀疑态度。他认为，固然某些天赋卓绝的人在脑重量排名上位居前茅，例如拜伦和居维叶，但是，另外一些天才人物如高斯的大脑却并不重，只排在他所研究的 900 多人的第二个 100 位中。这也证明，脑重量与智力的联系并不密切。他在晚年研究高斯的大脑时发现，高斯的大脑有超常丰富的裂隙，这意味着高斯大脑的表面积大于同等体积脑的表面积。那么，是否大脑表面积越大，智商就越高呢？

为此，瓦格纳和其儿子赫尔曼（也是一位生理学家）用不同的纸来测量高斯的大脑和对照大脑的表面积。他们不仅要测量大脑外部看得见的面积，还要测定脑皮质（即灰质）皱褶里隐藏的面积。当然，他们的研究有了新发现，大脑其实有 2/3 的表面积是隐藏在皱褶里。这也意味着，一个人大脑皮质中皱褶越多，大脑的表面积越大。但是，他们也发现，大脑表面积与智力的关联可能并不大。

因为，通过比较高斯和一位农夫的大脑时发现，他们之间的大脑表面积并无显著差异。

高斯大脑解剖标本重1 492克，比一般男性的平均值1 400克稍高。比拜伦的轻，而比但丁的重。高斯的脑有许多璇纹，脑沟纹很深。"脑皱纹愈深就愈聪明"的说法就是从这而来的。

1985年发表在《实验神经学》期刊上题为《论一位科学家的大脑：阿尔伯特·爱因斯坦》一文指出，人们发现爱因斯坦的脑竟然没有比别人大，他的脑重1 230克，比一般男性的1 400克少了170克。

20世纪的最后几年，有人又取出了高斯的大脑进行磁共振成像扫描。这一研究只是提示，高斯的大脑在最后几年并无任何退化的迹象。

2000年《科学》杂志撰文《高斯：不过另一个大脑而已》（第287卷第963页）。数学家高斯被称作"德国的阿基米德"，他的超人天才可与爱因斯坦比肩。但研究人员发现，与爱因斯坦不同的是，他的大脑看起来与其他人并无两样。发表于1999年《高斯学会期刊》的一篇文章说，格丁根大学马克斯·普朗克生物物理化学研究所的研究人员利用磁共振成像技术没有在高斯的大脑上发现任何异常之处。当1855年高斯以78岁高龄谢世于格丁根之后不久，他的完整无损的大脑即被妥善保存于酒精中。

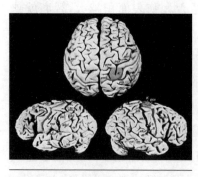

爱因斯坦大脑结构图

数学家汉尼克与天体物理学家惠特曼、物理学家弗兰姆联名发表此文，他们说："迥异于去年对爱因斯坦大脑的检查，我们没有发现高斯的大脑有任何异常之处。去年，加拿大研究人员在《柳叶刀》发表文章，称爱因斯坦的大脑中具有独特的形态学结构,而这种结构通常与巨大的下顶叶相关。他们提出理论说,这种独特的大脑形态是造成爱因斯坦非同寻常的视觉思维与综合思维的原因。"

人们对高斯的评价

美国著名数学家贝尔(E. T. Bell)在他著的《数学人》(*Men of Mathematics*)一书里曾经这样批评高斯:"在高斯死后,人们才知道他早就预见一些 19 世纪的数学,而且在 1 800 年之前已经期待它们的出现。如果他能把他所知道的一些东西透露出来,很可能现在数学早比目前还要先进半个世纪或更多的时间。阿贝尔和雅可比可以从高斯所停留的地方开始工作,而不是把他们最好的努力花在发现高斯早在他们出生时就知道的东西。而那些非欧几何学的创造者,可以把他们的天才用到其他方面去。"

在德国慕尼黑的博物馆有一幅高斯的油画像,底下几行字,很贴切地说明他的成就:"他的思想深入数、空间、自然的最深秘密;他测量星星的路径、地球的形状和自然力;他推动了下个世纪的数学进展。"在他发表了《曲面论上的一般研究》之后大约一个世纪,爱因斯坦评论说:"高斯对于近代物理学的发展,尤其是对于相对论的数学基础所做的贡献(指曲面论),其重要性是超越一切、无与伦比的。"

克莱因(F. Klein, 1849—

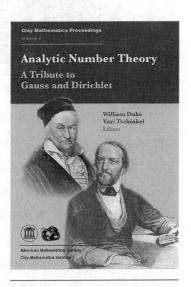

美国数学学会纪念高斯和狄利克雷的专辑

1925)这样评价高斯："如果我们把 18 世纪的数学家们想象为一系列的高山峻岭,那么最后一座使人肃然起敬的峰巅便是高斯,越过该高峰是一大片大且肥沃的田园,充满了生命的欣欣向荣。""在数学世界里,高斯处处留芳。如果我们现在探询这个人不同寻常和独一无二的品质,回答一定是：在每一个所从事的领域内所取得的最伟大的个人成就与最宽广的多才多艺的结合；在数学上的创造性、追寻数学发展的力度和对其实际应用的敏感的完美结合,这包括精确无误的观察和测量；最后是对这种伟大的自我创造财富的最精炼的表达。"

德国慕尼黑博物馆高斯的油画

《高斯全集》的出版历时 67 年(1863—1929),有众多著名数学家参与,最后在克莱因指导下完成. 全集共分 12 卷。前 7 卷基本按学科编辑：第 1、2 卷,数论；第 3 卷,分析；第 4 卷,概率论和几何；第 5 卷,数学物理；第 6、7 卷,天文。其他各卷的内容如下：第 8 卷,算术、分析、概率、天文方面的补遗；第 9 卷是第 6 卷的续篇,包括测地学；第 10 卷分两部分：Ⅰ. 算术、代数、分析、几何方面的文章及日记,Ⅱ. 其他作家对高斯的数学和力学工作的评论；第 11 卷也分两部分：Ⅰ. 若干物理学、天文学文章,Ⅱ. 其他作家对高斯测地学、物理学和天文学工作的评论；第 12 卷,杂录及《地磁图》。下萨克森州和格丁根大学图书馆已经将高斯的全部著作数字化并置于互联网上。网址是：

http://gallica. bnf. fr/Search？ ArianeWireIndex ＝ index＆q＝Gauss＆p＝1＆lang＝en＃

钱宝琮的孙子钱永红 2013 年 5 月 15 日来信告知："陈建功先生原珍藏有《高斯全集》，但因为浙大抗战西迁，颠沛流离，妻离子散，没有钱还所欠数学系的债，只能忍痛割爱，将《高斯全集》折价抵债。"

许多高斯的文件被保存在美国加利福尼亚州利克天文台（Lick Observatory）。

高斯的墓碑朴实无华，仅镌刻"高斯"二字。为纪念高斯，其故乡不伦瑞克改名为高斯堡。

高斯的墓碑

高斯的墓

高斯的纪念碑

动脑筋　想想看

1. 费马数 F_5 的一个因子是 641，你能算出它的其他因子吗？当 k 增大时，费马数 F_k 也增大得很快。有人说当 k 是 73 时，F_k 这数是这么大：把它从头到尾排出来，印在一本书上，这本书全世界没有一个图书馆可以容纳得下。你能解释这理由吗？

2. 见下页图，按图作 P_0，$\cdots$，P_{16}，使弧 $\overparen{P_0P_1}=$ 弧 $\overparen{P_1P_2}=$ 弧 $\overparen{P_2P_3}=\cdots=$ 弧 $\overparen{P_{15}P_{16}}=$ 弧 $\overparen{P_{16}P_0}$，连结 P_0P_1，P_1P_2，$\cdots$，$P_{16}P_0$ 就得到正 17 边形。试证明这个方法是正确的。

3. 三角数是那些形如 $\dfrac{n(n+1)}{2}$ 的数，例如 0，1，3，6，10，15，21，28，36，$\cdots$。在 1796 年 7 月 10 日，高斯在他的日记上写："我发现了任何正整数可以表示成 3 个三角数的和。"你能不能证明这个结果呢？

高斯把这个证明放在他的《算术研究》一书中。这本书在 1965 年翻译成英文，现列出译者和出版社，有兴趣的读者可以买来看：

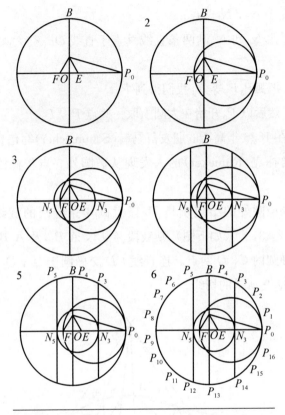

尺规作正 17 边形

C. F. Gauss，*Disquisitiones Arithmeticae*（Translated by Arthur A. Clarke）1966，Yale University Press.

下面是 1893 年数学家查蒙(H. W. Richmond)将高斯的正 17 边形尺规作法予以简化后的方法。他的方法步骤如下：

（1）以点 O 为中心，任意长 OP_0 为半径画一个圆；过 O 作 OB 垂直 OP_0，在 OB 线段上取 $OJ = \dfrac{1}{4} OB$。然后作一个角 OJE，使得其角度是角 OJP_0 的四分之一。然后作角 FJE 使其度数为 $45°$；

（2）以 FP_0 为直径作一个圆，这小圆交 OB 于 K 点；

（3）现在以 E 为中心，EK 长为半径画一个小圆，这小圆和直

线 OP_0 交于 N_3，N_5 两点；

（4）在 N_3 和 N_5 画两条直线垂直于直线 OP_0 交大圆于 P_3 和 P_5 两点；

（5）把弧 $\overparen{P_3P_5}$ 等分，我们得到 P_4；

（6）然后以 P_0 开始在大圆上取一些点 P_1，P_2。

4. 在 1836 年高斯的朋友舒马赫（Schumacher）写信告诉他一个名叫鲁梅克（Rümeker）的人发现从椭圆外一点作椭圆切线的方法。

如果椭圆外的给定点是 P，任意画 4 条椭圆的截线 PA_iB_i（$i = 1, 2, 3, 4$）（如下图），则线段 A_1B_2，A_2B_1，及 A_3B_4，A_4B_3 相交在椭圆内 C，D 两点。连直线 CD 交椭圆于 Q_1，Q_2 两点，则 PQ_1，PQ_2 是所求的切线。

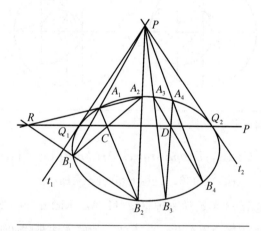

作椭圆切线

舒马赫告诉高斯，他改进以上的方法：只要从 P 引出 3 条截线 PA_iB_i（$i = 1, 2, 3$）就行了。因为 A_3B_2 和 A_2B_3 的交点在 CD 线上。

过了六天高斯写一封信回给舒马赫，告诉他可以更简化：只要从 P 引两条截线 PA_1B_1 和 PA_2B_2 就行了。因为 A_1A_2 和 B_1B_2

的交点 R 也在直线 CD 上。

圆是椭圆的特殊情形，你试用高斯的方法就可以单用直尺从圆外一点画两条切线。试试证明这个方法是正确的。

5. 中古时期欧洲的僧侣常花许多时间，用非常复杂的方法算"复活节"的日期，这日子可以在 3 月 22 日到 4 月 25 日之间。

1800 年高斯才 23 岁，发现一个可以计算 500 年内复活节日期的方法。先看下表：

年　　份	m	n
1582—1699	22	2
1700—1799	23	3
1800—1899	23	4
1900—2000	24	5

比方说，你要算 1978 年的复活节日期，你就要挑选 $m = 24$，$n = 5$，然后照下面步骤做：

步骤一：将这年份用 4 除，把余数用 a 表示。然后把这年份分别再用 7 和 19 除，余数分别是 b 和 c。

步骤二：用 30 除 $9c + m$，写下余数 d。

步骤三：用 7 除 $2a + 4b + 6d + n$，设余数是 e。

步骤四：复活节将是 3 月 $22 + d + e$ 日或 4 月 $d + e - 9$ 日（即如果 $22 + d + e$ 大过 31，那么就必须是 4 月 $d + e - 9$ 日）。

你试用这方法算今年的复活节日期，看是否符合？

6. 令 $n = 4, 5, \cdots, 25$ 利用高斯的结果，把这些数分成两类，一类是可以用没有刻度的直尺和圆规画正 n 边形的 n；另外一类是不能如此作出正 n 边形的 n。

高斯 236 周年诞辰 2013 年 4 月 30 日修正补充

2013 年 5 月 13 日，5 月 25 日，7 月 - 9 月再修改

9 不吃豆子的古希腊数学家毕达哥拉斯

万事万物背后都有数的法则在起作用。

——毕达哥拉斯

在数学的天地里，重要的不是我们知道什么，而是我们怎么知道什么。

——毕达哥拉斯

整个宇宙是数和数的关系的和谐系统。

——毕达哥拉斯

数学是前进的阶梯，而不是金币的筹码。

——毕达哥拉斯

你能通过学习从别人那里获得知识，但教授你的人却不会因此失去了知识。这就是教育的特性。世界上有许多美好的东西。好的禀赋可以从遗传中获得，如健康的身体，娇好的容颜，勇武的个性；有的东西很宝贵，但一经授予他人就不再归你所有，如财富，如权力。而比这一切都宝贵的是知识，只要你努力学习，你就能得到而又不会损害他人，并可能改变你的天性。

——毕达哥拉斯

　　1955 年希腊发行了一张邮票，图案像是由三个棋盘排布而成。这张邮票是纪念 2 500 年前希腊一个学术和宗教团体——毕达哥拉斯学派——的成立以及它在文化上的贡献。1983 年，圣马利诺发行了一张纪念毕达哥拉斯定理的邮票。1971 年尼加拉瓜发行关于毕达哥拉斯定理及其在建筑上的广泛应用的邮票。

　　希腊邮票上的图案事实上就是数学上一个非常重要定理的证明。在中学几何里我们学到这个定理，即"直角三角形斜边的平方等于其他两边的平方和"。就是这个图案所要表示的。

　　2011 年英国科学期刊《物理世界》曾让读者投票评选"最伟大的公式"，最终榜上有 10 个公式，毕达哥拉斯定理排名第四。

希腊、圣马利诺和尼加拉瓜发行纪念毕达哥拉斯定理的邮票

　　毕达哥拉斯(Pythagoras，公元前 572？——公元前 492？)是希腊的哲学家和数学家。出生在希腊东部爱琴海中小岛萨摩斯(Samos)的贵族家庭，毕达哥拉斯的父亲是一个富商。他 9 岁时被父亲送到提尔，在那里他接触了东方的宗教和文化。以后他又多次随父亲做商务旅行到小亚细亚。公元前 551 年，毕达哥拉斯

来到米利都、得洛斯等地，拜访了数学家及天文学家泰勒斯、阿那克西曼德和菲尔库德斯，并成为他们的学生。在此之前，他已经在萨摩斯的诗人克莱菲洛斯那里学习了诗歌和音乐。他年轻时曾到过埃及和巴比伦那里学习数学，游历了当时世界上两个文化水平极高的文明古国。

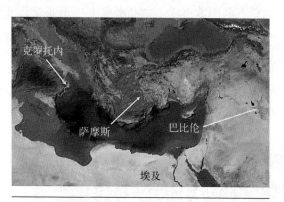

毕达哥拉斯游历过的地方

有一个希腊学者欧德姆斯（Eudemus），对于当时埃及数学产生的情况这样写道："几何是由于埃及人为了测量土地而发现的。这种测量是必要的，因为尼罗河畔常泛滥，洪水把土地的边界冲坏。因此几何学这门数学就像其他科学是产生于人类的实际需要。所有的知识从粗糙的环境产生会逐渐完美化。人们最初是感性认识，可是逐渐它变成我们默想的对象，最后进入知识的王国。"

公元前550年，30岁的毕达哥拉斯因宣传理性神学，穿东方人服装，蓄上头发从而引起当地人的反感，从此萨摩斯人一直对毕达哥拉斯有成见，认为他标新立异，鼓吹邪说。毕达哥拉斯被迫于公元前535年离家前往埃及，途中他在腓尼基各沿海城市停留，学习当地神话和宗教，并在提尔一神庙中静修。

抵达埃及后，国王阿马西斯推荐他入神庙学习。从公元前535年到公元前525年这十年中，毕达哥拉斯学习了象形文字和

毕达哥拉斯

埃及神话历史和宗教,并宣传希腊哲学,受到许多希腊人尊敬,有不少人投到他的门下求学。

毕达哥拉斯学派

毕达哥拉斯在 49 岁时返回家乡萨摩斯,开始讲学并开办学校,但是没有达到他预期的成效。公元前 520 年左右,为了摆脱当时君主的暴政,他与母亲以及唯一的一个门徒离开萨摩斯,移居西西里岛,后来定居在克罗托内。在那里他广收门徒,传授数学,宣传他的哲学思想,建立了一个宗教、政治、学术合一的团体。这学派和埃利亚学派同是古希腊最早的唯心论学派。

学派成员要接受长期的训练和考核,遵守很多的规范和戒律,并且宣誓永不泄露学派的秘密和学说。每个新入学派的人都得宣誓严守秘密,并终身只加入这一学派。该学派还有一种习惯,就是将一切发明都归之于学派的领袖,而且秘而不宣,以致后人不知是何人在何时的发明。

他们认为有十类对立物,如奇数和偶数,右与左,雄与雌,明与暗,静与动,善与恶,有限与无限等。对立面的和谐统一就是数的和谐统一。毕达哥拉斯是比同时代中一些开坛授课的学者进步一

毕达哥拉斯学派

点：因为他容许妇女（当然是贵族妇女而不是奴隶女婢）来听课。他认为妇女和男人一样在求知的权利上是平等的，因此他的学派中就有十多名女学者。这是其他学派所没有的现象。这个社团里男女地位平等，一切财产都归公有。社团的组织纪律很严密，甚至带有浓厚的宗教色彩。每个学员都要在学术上达到一定的水平，加入组织还要经历一系列神秘的仪式，以求达到"心灵的净化"。

罗马一个博物馆的毕达哥拉斯雕像

　　毕达哥拉斯学派的会徽上有一个刻着字母的五角星，并在每一个角顶上刻着字母，按逆时针方向读下来就是：υγτεια，这是"健康"的意思。他们认为透过对数的了解，可以揭示宇宙的神秘，使他们更接近神。

他们在几何上的贡献相当多,如证明了直角三角形的内角和是180°。发现了正五边形和相似多边形的作法;还证明了在三维空间正多面体只有五种——正四面体、正六面体、正八面体、正十二面体和正二十面体。

毕氏学派的会徽

他们用五种正多面体(最多只有五种正多面体)代表了五种元素:

正四面体——火

正六面体——地

正八面体——风

正十二面体——以太

正二十面体——水

毕达哥拉斯说"万物都是数",罗素说:"大多数的科学从它们的一开始就是和某些错误的信仰形式联系在一起,这就使它们具有一种虚幻的价值,天文学和占星学联系在一起,化学和炼丹术联系在一起,数学则结合了一种更精致的错误类型。"

他们认为世界万物的本原并不是物质,而是一种抽象非物质的东西——数。他们认为数是独立存在,是决定客观世界的东西。数是在人类认识以前就已存在。它是主宰万物的神。他们把数绝对化和神秘化,认为没有数,人就不能认识事物,也不能思考什么。整个宇宙是由数有秩序有规律地组成。他们相信依靠数学可使灵魂升华,与上帝融为一体。

毕达哥拉斯学派认为"1"是数的第一原则,万物之母,也是智慧;"2"是对立和否定的原则,是意见;"3"是万物的形体和形式;"4"是正义,是宇宙创造者的象征;"5"是奇数(联系到偶数),雄性与雌性结合,也是婚姻;"6"是神的生命,是灵魂;"7"是机会;"8"是和谐,也是爱情和友谊;"9"是理性和强大;"10"包容了一切数目,

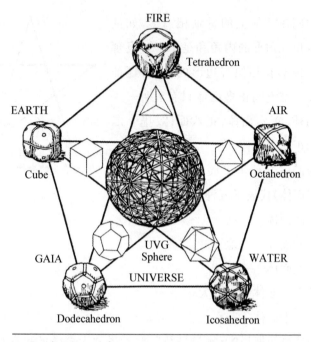

五种正多面体及其象征

是完满和美好。

　　毕达哥拉斯学派从数学的角度，即数量上的矛盾关系列举出有限与无限、一与多、奇数与偶数、正方与长方、善与恶、明与暗、直与曲、左与右、阳与阴、动与静等 10 对对立的范畴，其中有限与无限、一与多的对立是最基本的对立，并称世界上一切事物均还原为这 10 对对立。

　　他们还坚持数学论证必须从"假设"出发，开创演绎逻辑思想，对数学发展影响很大。传说毕达哥拉斯是一个非常优秀的教师，他认为每一个人都该懂些几何。有一次他看到一个勤勉的穷人，他想教他学习几何，因此对他建议：如果他能学懂一个定理，那么就给他一块钱币。这个人看在钱的分上就和他学几何了，可是过了一个时期，这学生对几何这门数学产生极大的兴趣，反而要求毕达哥拉斯教快一些，并且建议：如果老师多教一个定理，他就给老师一个钱币。没有多少时间，毕达哥拉斯就把他以前给那学生的钱全部收回了。

他最著名的结果当然就是那个所谓的毕达哥拉斯定理（即勾股定理）了。传说当他得到这个定理时，非常高兴，杀了一头牛作为牺牲献给天神。（有些历史学家说是100头牛，这个代价可太大了！）

这个定理在数学上是基本的而且非常重要，是数学上有最多种不同证明的定理——有400多种证明！我们在中学学习的证法就像那希腊邮票上所示，最初记载在欧几里得的《几何原本》里。

毕达哥拉斯在音乐、天文、哲学方面也做出了一定贡献，首创地圆说，认为日、月、五星都是球体，浮悬在太空之中。他从球形是最完美几何体的观点出发，认为大地是球形的，提出了太阳、月亮和行星做均匀圆运动的思想。

毕达哥拉斯死在意大利克罗托内城里：公元前500年在一场城市暴动中，他被人暗杀，享年80岁。他的许多门徒逃回希腊本土，在弗利奥斯重新建立据点，另一些人到了塔兰托，继续进行数学哲学研究，以及政治方面的活动，直到公元前4世纪中叶。毕达哥拉斯学派持续繁荣了两个世纪之久。我年轻时游历意大利，到这个古山城去还看到他的坟墓，这坟墓就像中国的馒头式坟。2 000多年过去了，这坟还保留下来，可见人们对他的尊重。毕达哥拉斯生活的年代，在东方正是印度的释迦牟尼传佛教、中国的孔子授业讲学的鼎盛时期。

毕氏学派的"帮规"

啊！我差点忘了告诉你毕达哥拉斯学派的"帮规"：

1. 禁食豆子。
2. 东西落下了，不要用手捡起来。

3. 不要去碰白公鸡。

4. 不要掰开面包。

5. 不要迈过门闩。

6. 不要用铁拨火。

7. 不要吃整个的面包。

8. 不要招花环。

9. 不要坐在斗上。

10. 不要吃心。

11. 不要在大路上行走。

12. 房里不许有燕子。

13. 锅从火上拿下来的时候，不要把锅的印迹留在灰上，而要把它抹掉。

14. 不要在亮光的旁边照镜子。

15. 当你脱下睡衣的时候，要把它卷起，把身上的印迹抹平。

伯特兰·罗素（Bertrand Russell，1872—1970）在《西方哲学史》卷一古代哲学第三章介绍毕达哥拉斯，罗素认为"这些诫命都属于原始的禁忌观念"，为什么禁止吃豆子？难道怕会放屁？

我猜毕达哥拉斯可能对豆类蛋白敏感，就像有人吃花生就会过敏一样。

罗素评价毕达哥拉斯："毕达哥拉斯是历史上最有趣味而又最难理解的人物之一。不仅关于他的传说几乎是一堆难分难解的真理与荒诞的混合，而且即使是在这些传说的最单纯最少争论的形式里，它们也向我们提供了一种最奇特的心理学。简单地说来，可以把他描写成是一种爱因斯坦与艾地夫人的结合。他建立了一种宗教，主要的教义是灵魂的轮回和吃豆子的罪恶性。他的宗教体现为一种宗教团体，这一教团到处取得了对于国家的控制权并建立起一套圣人的统治。但是未经改过自新的人渴望着吃豆子，于是就迟早都反叛起来了。"

10 青春常驻的布劳迪教授

生物有一个不能违抗的自然规律，就是有生必有死，随着时间的递进，一切有生命的物体会逐渐衰老死亡。

你想象如果有人能发明一种机器，使人的青春能常驻，人类能不衰老，他不止能获得诺贝尔奖，而且能靠这机器为富人服务，赚钱赚得富可敌国。那时女人不必再做拉皮的手术，不必再打肉毒杆菌，不必再美容，永远是清纯美丽少女的形象，"满城尽是美少女"，这世界将充满多少欢乐。

俗话说："人心不足蛇吞象，作了皇帝想变仙。"为什么人做了皇帝还要变仙呢？因为可以长生不老，可以永享富贵荣华。于是中国历史上就出现了秦始皇派徐福带数千童男童女漂洋过海寻找"长生不老药"的故事。于是历朝历代有多少昏庸的君主在服食炼丹术士进贡的"长生仙药"之后，水银中毒而早日羽化进入极乐世界。

世间是否有"青春常驻"的秘方呢？

我告诉你这"秘方"是存在的，我愿意与大家分享。

1984 年，我从纽约飞到芝加哥参加一个数学会议，遇见了在威斯康星大学麦迪逊分校教书的理查德·布劳迪（Richard A. Brauldi）教授。

他当时去见在芝加哥大学执教的女数学家普莱斯（Vera Pless）教授（也是他的好朋友）。普莱斯已经满头银发，而布劳迪确像三十刚出头的年轻研究生。我天真地问布劳迪教授："你在这位大名鼎鼎的女教授底下做研究是否会很辛苦？"

我真是有眼不识泰山，事实上，布劳迪教授生日是 1939 年 9 月 2 日，1964 年在著名的赫伯特·约翰·赖瑟（Hebert John Ryser）教授指导下获得雪城大学博士学位，当时他只有 25 岁。我见布劳迪教授时他到 45 岁，但看起来很年轻。他是几个数学杂志的主编，发表超过 200 篇论文。

1970 年的布劳迪　　　　1973 年的布劳迪　　　2007 年的布劳迪

后来我安排他多年前毕业的学生 P 教授来我系演讲，聊起我对他的指导教授摆乌龙的故事。他对我说："我现在看来还比我的指导教授要苍老。多年前我进入威斯康星大学麦迪逊分校时，看到系里布劳迪教授的相片是又胖又衰老，可是现在他却是瘦削健康又年轻。人家是一年比一年衰老，他却是一年比一年年轻，真是违反自然规律。"

在1988年我被谢声忠（Eric Seah）教授邀请到加拿大的温尼伯与他一起合作做研究，刚好布劳迪教授当时被在温尼伯举办的一个会议邀请为主讲者，许多年没见面他竟然还记得我。

他关心地询问我的健康，我告诉他我常腹泻，身体不好。而且我的血压又高，要服食降压药，弄得我容颜憔悴，身体衰弱。

布劳迪教授告诉我他以前身体很胖也不健康，后来他改变饮食习惯，成为一个素食者，而且他的日常食物多是意大利通心粉。他不再乘电梯，上下爬楼梯，每天就是这样过日子，结果身体越来越好，病痛消失，他建议我可以试一试。

他建议我多运动，少吃药。

2005年4月30日布劳迪教授与他的一些前博士生

开会回来见到我的同事、也是搞线性代数的D教授，我转达布劳迪教授对她的问候。D教授当时已满头白发，笑着对我说："可能他的建议有效，因为他是一个严格的素食主义者，而我看到他的方法有功效，认识他多年，他的面貌是一年比一年年轻。"

我由于体质关系没有完全奉行素食，但开始多吃蔬菜水果，身体逐渐健康。以前四十岁时老态龙钟，头发变白，现在过了六十精神清爽，少了病痛。

他喜欢赛跑。2004年4月24日（星期六），他参加第23届年度经典Crazylegs赛跑，8公里的纪录是36:56，在男性60岁至64岁年龄组获得第二名。2006 年时，他的纪录是 39:15。2013 年 4 月 27 日是一个伟大的早晨，共有约 15 000 名选手跑步。他的纪录是 43:44，在 70 岁至 74 岁这个年龄组他是第四名。

除了赛跑他也参加滑雪比赛，2013 年 2 月 18 日他第一次参加在布莱斯峡谷国家公园的 5 公里越野滑雪赛。环境不是特别好，有大量的冰，他跌倒三次。他的纪录是 52:57。

2004 年 4 月 24 日布劳迪在 8 公里赛跑男性 60 岁至 64 岁年龄组获得第二名

布劳迪教授在第四届上海组合学会议上（2002 年 5 月）

我阅读了广州柳柏濂教授在《思考·在美国校园中》回忆上世纪 90 年代去麦迪逊那里和布劳迪教授做研究的事情。布劳迪教授提供他问题，以及认真帮他修改论文，并推荐发表。他想把布劳迪教授的名字放在论文里，可是布劳迪教授却不贪这种功劳，也不想占据别人的劳动成果，拒绝了他的建议。

我想布劳迪教授的素食和运动加上佛家讲的"不贪"就是一副"长春不老药"。我在圣何塞的老人中心分享这个经验，希望这也是一副对多数人有益的药方。

2013 年 9 月 2 日

参考文献

1. Knuth D E. (1997). *The Art of Computer Programming*, *Volume 1: Fundamental Algorithms* (3rd ed.). Boston: Addison-Wesley, 11 - 21.

2. 波利亚. 数学与猜想 I. 数学中的归纳与类比. 李心灿, 王日爽, 李志尧, 译. 北京: 科学出版社, 1987, 118—132.

3. 钱伟长. 钱伟长文选. 上海: 上海大学出版社, 2004.

4. 方正怡. 钱伟长: 桑榆非晚奔驰不息. 中华读书报, 2008 - 01 - 26.

5. 钱伟长: 矮个子的"科学巨人". http://big5. ce. cn/xwzx/gnsz/gdxw/201007/30/t20100730_21672274. shtml

6. 孔璞, 朱柳迪. 钱伟长轶事. 新京报, 2010 - 07 - 31. http://news. sina. com. hk/cgi-bin/nw/show. cgi/113/1/1/1805028/1. html

7. 黄祺. 总在"反对"的钱伟长. 新民周刊, 2010 - 8 - 9. http://big5. news365. com. cn: 82/gate/big5/weekly. news365. com. cn/rw/201008/t20100816_2800493. html

8. 林彩虹. 明朝时期汉籍东传日本研究. 牡丹江师范学院学报(哲学社会科学版), 2008(6).

9. 寺尾善雄. 中国数学和珠算传入日本的始末. 吴哲光, 译. 世界文化, 1984(5).

10. 华印椿. 中国珠算史稿. 北京: 中国财政经济出版社, 1984.

11. 冯立昂, 牛亚华. 近代汉译西方数学著作对日本的影响. 内蒙古师范大学学报(自然科学汉文版), 2003(1).

12. 冯立昇. 中日数学关系史. 济南：山东教育出版社,2009.

13. 丘成桐. 清末与日本明治维新时期数学人才引进之比较. 西北大学学报（自然科学版）,2009,39(5).

14. Glassner J. *The Invention of Cuneiform Writing in Sumer*. Baltimore：Johns Hopkins University Press，2003.

15. Houston S D. *The First Writing: Script Invention as History and Process*. Cambridge：Cambridge University Press，2004.

16. Walker C B F. *Cuneiform*. Berkeley：University of California Press，1987.

17. 吴浩坤,潘悠. 中国甲骨学史. 上海：上海人民出版社,2006.

18. 胡厚宣,胡振宇. 殷商史. 上海：上海人民出版社,2003.

19. 李约瑟. 中国科学技术史·天学卷. 北京：科学出版社,上海：上海古籍出版社,2000.

20. 严敦杰,梅荣照. 明清数学史论文集. 南京：江苏教育出版社,1990.

21. 郭书春. 中国古代数学. 北京：商务印书馆,1997.

22. Bell E T. *Men Of Mathematics*. New York：Simon Schuster Inc,1937.

23. Dunnington G W. *Carl Friedrich Gauss: Titan of Science*. The Mathematical Association of America,2003.

24. Gauss C F. *Disquisitiones Arithmeticae*. tr. Clarke A A. New Haven: Yale University Press,1965.

25. May K O. *Gauss, Carl Friedrich Complete Dictionary of Scientific Biography*,2008.

26. Hall T. *Carl Friedrich Gauss: A Biography*. Cambridge，MIT Press,1970.

27. Tent M B W. *The Prince of Mathematics: Carl Friedrich Gauss*. Wellesley：A. K. Peters, Ltd,2005.

28. 颜一清. 数学巨擘高斯（上）. 数学传播,1988,22(4).
http://www. math. sinica. edu. tw/math_media/d231/23104. pdf

29. 颜一清. 数学巨擘高斯（下）. 数学传播,1999,23(1).
http://w3. math. sinica. edu. tw/media/pdf. jsp? m_file＝ZDIzMS8yMzEwNA＝＝

30. 袁向东. 高斯.

http://www.eywedu.net/Article/ShowArticle.asp? ArticleID=8942.

31. 张田勘. 名人的大脑有啥特点？南方都市报，2010-04-11.

http://gcontent.oeeee.com/8/bd/8bdb5058376143fa/Blog/359/d7d4df.html

32. Kehlmann D. *Die Vermessung der Welt*. Reinbek Hamburg：Rowohlt，2005.

33. Loomis E S. *Pythagorean Proposition*. Washington DC：National Council of
Teachers of Mathematics，1940.

34. Maor E. *The Pythagorean Theorem，a 4000-Year History*. Princeton：
Princeton University Press，2007.

35. Heath T L. *A History of Greek Mathematics*. Oxford: At the Clarendon
Press，1931.

36. 罗素. 西方哲学史. 钱逊，译. 重庆：重庆出版社，2010.